"十四五"时期国家重点出版物出版专项规划项目 · 现代土木工程精品系列图书
国家重点研发计划项目（2018YFC0809900）
黑龙江省精品图书出版工程

U0181018

城市燃气管网泄漏扩散机理
与安全监测技术

LEAKAGE DIFFUSION MECHANISM AND SAFETY MONITORING
TECHNOLOGY OF URBAN GAS PIPELINE NETWORK

谭羽非　付　明　王雪梅　赵小龙　侯龙飞　谭　琼　著

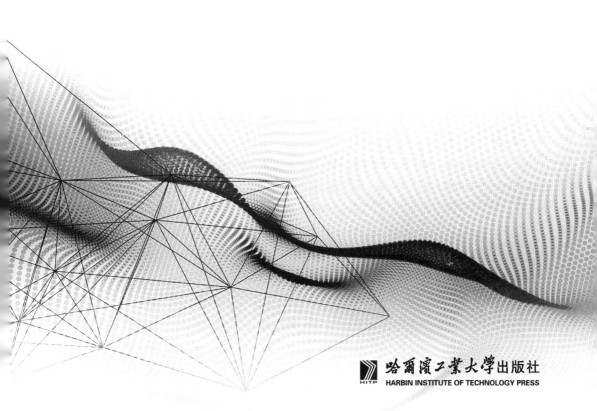

哈爾濱工業大學出版社
HARBIN INSTITUTE OF TECHNOLOGY PRESS

内 容 简 介

本书系统地介绍了城市燃气管网泄漏扩散机理与安全监测技术,包括我国天然气工业发展与管网泄漏研究、天然气负荷特性及负荷预测、燃气管网泄漏扩散的基本理论、直埋燃气管网泄漏扩散数值模拟、燃气管网泄漏扩散检测监测与防控方法,并结合工程实际介绍了综合管廊内天然气泄漏扩散的数值模拟及风险分析、综合管廊内事故通风及控制方案,以及城市燃气管网运行安全监测预警机制。全书内容翔实,既有较全面的理论分析,又有较多的实验及模拟研究,同时结合工程实际,使有关理论更加生动具体,更易于读者理解。

本书可作为高等院校相关专业的教师、本科生、研究生的教学或学习参考书,也可供城市燃气管网安全运行研究的科研人员和技术管理人员,以及城市燃气工程、天然气工业、石化行业、能源工程及其他领域有关专业的工程技术人员、经营管理人员、科研人员阅读和参考使用。

图书在版编目(CIP)数据

城市燃气管网泄漏扩散机理与安全监测技术/谭羽非等著.—哈尔滨:哈尔滨工业大学出版社,2022.8
ISBN 978-7-5603-9440-4

Ⅰ.①城… Ⅱ.①谭… Ⅲ.①城市燃气-管道泄漏-管道事故-事故处理②城市燃气-输气管道-管网-安全监测-技术 Ⅳ.①TU996.9

中国版本图书馆 CIP 数据核字(2021)第 088169 号

策划编辑　王桂芝　苗金英
责任编辑　杨　硕　马毓聪
出版发行　哈尔滨工业大学出版社
社　　址　哈尔滨市南岗区复华四道街 10 号　邮编 150006
传　　真　0451-86414749
网　　址　http://hitpress.hit.edu.cn
印　　刷　哈尔滨市颉升高印刷有限公司
开　　本　720 mm×1 000 mm　1/16　印张 12.5　字数 222 千字
版　　次　2022 年 8 月第 1 版　2022 年 8 月第 1 次印刷
书　　号　ISBN 978-7-5603-9440-4
定　　价　58.00 元

前　言

　　我国天然气工业经历了孕育期、起步期和快速发展期三个时期,实现了从"底气不足"到"气象万千"的巨大变化。2020年,中国天然气产量约为1 925亿 m³,占世界总量的5.03%;天然气消费量约为3 280亿 m³,占世界消费总量的8.6%。天然气在能源消费结构中的比例达到8.4%,相比2015年提高了2.6%,新增气化人口1.6亿,总气化人口达到4.9亿。我国天然气工业的快速发展在世界天然气发展史上留下了浓墨重彩的一笔,同时对我国经济的快速发展起到助推作用。

　　随着我国天然气需求量的不断增加,城市燃气管网建设也进入快速发展时期,地下燃气管网的规模大幅提升。部分天然气管网建设年代较久且分布密集,加之燃气管道内外腐蚀、被第三方破坏等原因,使得天然气管网事故频发。同时,燃气管网与供排水、热力、电力等其他类型管网交叉分布,风险隐蔽并在系统间转移,事故连锁、后果叠加,使得泄漏扩散范围准确评估、泄漏位置快速定位和风险防控联动处置更加复杂,由此带来的燃爆事故也将更加严重。因此,迫切需要一本能系统地介绍包括直埋燃气管网和综合管廊内燃气管网在内的城市燃气管网泄漏扩散基础理论、规律及安全监测技术的专著,以提高燃气管线运营维护效率和风险防控水平,提高城市燃气管网的韧性,为工程实践过程提供理论依据和技术支持。

　　本书根据作者近年来在城市燃气工程方面的研究成果撰写而成。全书共分为8章:第1章主要介绍我国天然气工业发展与管网泄漏研究;第2章阐述天然气负荷特性及负荷预测;第3章重点介绍燃气管网泄漏扩散的基本理论,包括在土壤中、有限空间内及相邻地下空间内的燃气泄漏扩散理论;第4章阐述直埋燃气管网泄漏扩散数值模拟;第5章介绍燃气管网泄漏扩散检测监测与防控方法;第6章为综合管廊内天然气泄漏扩散的数值模拟及风险分析;第7章介绍了综合管廊内事故通风及控制方案;第8章阐述了城市燃气管网运行安全监测预警机制。

　　本书由哈尔滨工业大学和清华大学合肥公共安全研究院教研人员合作撰写,其中:第1章由谭羽非和付明撰写;第2章由谭羽非撰写;第3章3.1节、3.2节由谭羽非和王雪梅撰写,3.3节由侯龙飞撰写;第4章由谭羽非和王雪梅撰写;第5章由侯龙飞和付明撰写;第6章6.1~6.5节由谭羽非和王雪梅撰写,6.6节由赵小龙撰写;第7章由谭羽非和王雪梅撰写;第8章由谭琼和付明撰写。全书由谭羽非统稿。

　　感谢周斯琛、陈旭芳、端木维可、朱丽榕等数据分析师,以及常欢、肖榕、林圣剑等同学,帮助整理文稿并处理了大量计算数据。

　　由于作者学术水平及教学经验有限,书中难免存在不足之处,竭诚希望读者批评指正。

作　　者

2022 年 5 月

目　　录

第1章　我国天然气工业发展与管网泄漏研究

1.1　天然气工业发展综述

我国天然气工业经历了孕育期、起步期、快速发展期三个时期，走过了从小到大具有中国特色的发展道路。

1.1.1　天然气工业孕育期(1949—1992 年)

早在 2 000 多年前，我国就开始通过竹管道输送并使用天然气，是世界上最早使用天然气的国家之一。但受社会环境的限制，我国的天然气工业直到 1949 年后才发展起来。

1949—1975 年，我国从四川盆地，到陕甘宁和塔里木盆地及沿海地区，都进行了大规模的天然气勘探活动。1958 年，我国在四川盆地铺设了第一条输气管道，长 20 km。1967 年，威远震旦系整装大气田投产，威远 — 成都输气管道建成。这一时期天然气产量主要来自四川盆地多个小型气田。1978 年党的十一届三中全会的召开不仅拉开了改革开放的大幕，更使得天然气工业迅速发展。改革开放初期，我国累计探明天然气储量仅为 2 264 亿 m^3，属于贫气国。勘探资金不足导致勘探工作量出现下降，1979 年天然气产量达 145 亿 m^3，此后连续 3 年产量下降，1982 年天然气产量下降至 119 亿 m^3。1983—1987 年产量有所回升，但均未达到 1979 年的产量水平。1987 年《国务院批转国家计委等四个部门关于在全国实行天然气商品量常数包干办法报告的通知》提出："天然气是我国尚未充分开发利用的一种重要能源。为了加快我国天然气工业的发展，国务院决定在全国实行天然气商品量常数包干，超产部分按高价销售，高、平差价收入作为天然气勘探开发专项基金,以补充天然气工业建设资金的不足,走'以气养气'的路子。"此后,国内油气资源勘探开发力度持续加大,油气产量稳定增长,1990 年国内天然气产量提升至 152 亿 m³。

在这一时期,天然气基础设施不足,储运系统不发达,主要围绕西南油气田、中原油田的开发,建成了川渝输气管网、中原油田周边管道。20 世纪 70 年代建成了威成线、泸威线、卧渝线等管道,1989 年建成了从渠县至成都的半环输气干线(北干线),形成了我国首个区域性环形供气管网——川渝环网。1986 年建成了我国第一条跨区输气管道——中沧(河南濮阳柳屯－沧州化肥厂)管道。

总体来说,在天然气工业孕育期,人们对天然气的清洁、高效等优点还缺乏认识,天然气只是少数地区的少数人才知道的能源,国家也没有出台相应的天然气行业政策,这一时期我国天然气工业发展比较缓慢。

1.1.2　天然气工业起步期(1993—2004 年)

1993 年"油气并举"重要战略的提出,标志着我国天然气工业进入起步期。随着国民经济的快速发展,天然气勘探开发取得了重要进展,天然气产量稳步提升,基础设施建设明显提速,天然气消费增速也有所提高。1996 年产量突破200 亿 m³,2001 年突破 300 亿 m³,2004 年突破 400 亿 m³。20 世纪 90 年代,伴随着长庆、青海、塔里木等油田的开发,建设了陕京系统、涩宁兰、西气东输一线等跨区域管道工程。1997 年以前,我国基本没有跨区域长输管道,1997 年陕京一线建成投产,拉开了我国长距离输气管道建设的序幕,标志着天然气管道由区域性向全国性发展。2004 年西气东输一线建成投产,该管道干线长 3 893 km,管径1 016 mm,压力 10 MPa,采用 X70 钢级。该工程标志着我国天然气管道建设向长距离、大口径、高压力和高度自动化管理的方向发展。

1.1.3　天然气工业发展期(2005 年至今)

自 2005 年起,天然气管网发展迅猛,天然气消费快速增长。为满足国内需求,我国开始进口天然气,逐渐成为天然气净进口国。《加快推进天然气利用的意见》首次明确了天然气成为主体能源之一的战略定位。

2005—2017 年,我国天然气产量年均增长 82 亿 m³,2011 年产量突破1 000 亿 m³ 大关,2017 年产量增至 1 480 亿 m³,居世界第六位。我国天然气主要产自四川盆地、鄂尔多斯盆地、塔里木盆地和海域等四大气区。2017 年产量中,常规天然气产量为 1 339 亿 m³,占比 90%;非常规天然气产量为 141 亿 m³,占比 10%。我国是第三个页岩气形成规模和产业的国家,2017 年页岩气产量达到 92 亿 m³。我国煤层气产业以一系列技术突破为先导,从无到有。2013 年,国内首个煤制天然气项目 —— 新疆伊犁庆华煤制天然气项目投入商业化运行;2017 年,煤层气地面抽采量达到 49.6 亿 m³,利用量 44 亿 m³。截至 2017 年底,我国已投产新疆庆华、大唐克旗、伊犁新天、内蒙古汇能 4 个煤制天然气项目,产能规模为50.75 亿 m³／年,2017 年实现产量 22.0 亿 m³。

从“十一五”开始,中亚天然气管道、西气东输二线,以及中缅管道开工建设,标志着我国陆上战略通道建设拉开了序幕。2009 年,首条在境外跨越多国的天然气长输管道 —— 中亚天然气管道建成投产。2012 年,与中亚天然气管道配套的西气东输二线建成投产,该管道全长 8 700 km,管径 1 219 mm,压力12 MPa,设计输气能力 300 亿 m³／年,采用 X80 高钢级,管道建设实现了从追赶到领跑世界先进水平的历史性大跨越,标志着我国管道总体技术水平已达到国际先进水平,部分技术水平达到国际领先水平。截至 2017 年底,我国建成了以西气东输、陕京系统、川气东送、中缅管道、中贵联络线等系统为主的骨干管网,全国干线管道总里程约 7.4 万 km,一次输气能力达到 3 100 亿 m³／年,天然气主干管网形成了“西气东输、北气南下、海气登陆”的输气格局,建立了西北、西南、海上进口通道,实现了国产天然气、进口管道天然气、进口液化天然气(Liquefied Natural Gas,LNG)资源和用气市场之间的联通。

西气东输管道、川气东送管道等大型基础设施的建设,大大扩展了天然气利用区域。长三角、两湖地区、珠三角以及其他沿线省区,不断有新的气化城市出现,自此我国天然气消费区域已逐步转向环渤海、长三角、珠三角等经济中心地带。截至 2017 年,各省份不同程度地应用上了天然气,90% 以上地级市使用天然气。

1.2　城市地下空间管道输配发展历程

地下空间具有许多不同于地面环境的特点,已从常规地下管道、管廊、人防、停车场等单一功能地下空间逐渐发展到地下商业、交通、仓储、公建等全面综合开发。我国从深挖洞的民防工程开始,逐步发展到了城市地铁、快速路建设、地下隧道建设的地下空间综合利用。加强地下空间的综合开发利用,促进城市整体空间形态的竖向优化,是城市发展的重要布局原则,不仅可以有效扩大城市空间容量,缓解城市拥堵,还可以节约城市建设用地,对保护地面景观环境以及优化城市功能布局均有重要意义。

1.2.1　地下空间发展历程

1.我国古代地下工程的应用

我国地下空间利用最早记载于《墨子》,《墨子·备穴》篇有开凿地道进行攻防作战的详细论述。安徽亳州的曹操运兵道始建于东汉末年,为砖砌弧形穹顶隧道,总长 8 000 多米,犹如地下长城,分单行道和双行道,还有上下双层和立体交叉等形式,至今仍然保存完好。历代帝王的陵寝都是大型地下工程的实践。

2.国外地下空间开发历程

欧洲主要国家现代意义上的城市地下空间建设起步于 200 多年前,以巴黎的下水道建设为标志,工业革命前为起步阶段,主要是建设市政公用设施,发展阶段以地铁和公路隧道建设为主。美国和日本地下空间发展普遍有 100 多年的历史,通过地下轨道交通、市政公共设施的建设解决了城市膨胀带来的一系列问题,已形成完善成熟的城市地下空间系统,目前处于再发展时期。

3.中华人民共和国成立后地下空间发展历程

我国地下空间的大规模建设仅有 60 多年的历史,历经起步、发展、成熟三个阶段,分为四个时期。

(1) 深挖洞时期(1949—1977 年)。中华人民共和国成立后,国际环境错综复杂,为了国家安全需要,我国从“深挖洞、广积粮、备战备荒”开始,建设了大量的“防空洞”。但由于缺乏专业规划和科学设计,没有统一的技术标准和行业导则,仓促上马,同时受经济条件限制,工程质量普遍较差,使用效率低。

(2) 平战结合时期(1978—1986 年)。1978 年召开了全国第三次人防工作会议,提出了人防建设平战结合的方针,对现有人防工程加以改造和利用,新建设人防工程全部按平战结合的原则进行规划、设计和建设,将人防建设规划列入城市规划的编制序列中,平战结合的人防工程为该时期城市地下空间资源开发利用的主体。

(3) 与城市建设相结合时期(1987—1997 年)。1987 年全国人防建设与城市建设相结合的座谈会召开,提出人防工程平战结合建设的方向是与城市建设相结合,进行统一规划,要从提高城市发展的综合效益来研究和编制。

(4) 有序发展时期(1998 年至今)。1998 年起,地下空间开发进入新的时期。政府成为第一推动力,由政府主导推动,结合轨道交通进行地下空间建设。

1.2.2　我国城市地下综合管廊的发展历程与现状

19 世纪初期,城市地下综合管廊已经开始出现:1833 年在法国首都巴黎就已经出现了这一构造物,其将给水管道、电力输送管道等内容涵盖在了一起;1861 年在英国首都伦敦,建设并投入使用了地下综合管廊;1893 年,在德国汉堡也出现了地下综合管廊,同时将通信管道、燃气管道、热力管道纳入了综合管廊体系中。我国城市地下综合管廊在中华人民共和国成立之后开始出现,1958 年北京市出现了全国第一条城市地下综合管廊,长为 1 076 m。在 1991 年,我国台湾地区开始兴建地下综合管廊项目,1994 年上海市修建了我国大陆地区规模最大的地下综合管廊项目,全长为 11.125 km,将给水管道、电力管道、通信管道、燃气管道四类市政管道纳入其中。2009 年,珠海市横琴新区为了推动城市规划与建设,颁布实施了《横琴新区控制性详细规划》,对该城区地下综合管廊的建设提出了发展方向,服务面积开始扩大,珠海市横琴新区的地下综合管廊长度为 33.4 km,总投资达到了近 20 亿元,服务面积为 106.46 km^2。2015 年 4 月,国家财政部与住房城乡建设部将海南省海口市、浙江省苏州市、福建省厦门市等十个城市列为城市地下综合管廊的试点城市;2016 年 4 月,在财政部、住房城乡建设部、水利部的共同审核之下,青岛市、广州市等十五个城市被纳入第二批试点城市的行列,与此同时,国家相关部门在推动该项工作发展的过程中给予了大力的资金及技术支持。为了推动全国范围内该项工作进程,相关部门陆续颁布实施了各项政策法规,仅在 2016 年就颁布了近十项重要的文件及政策(表 1.1)。在国家相关部门的大力支持与推动之下,我国城市地下综合管廊如火如荼地发展起来,现阶段投入使用的项目已经很多,极大地推动了我国城镇化的进程,提高了城市规划与建设的整体水平,同时也为城市生产与城市居民的生活带来了极大的便利。表 1.2 为我国现阶段已经投入使用的城市地下综合管廊信息,可见近年来我国城市地下综合管廊系统的发展是非常迅速的。

表 1.1　建设政策文件

颁布时间	颁布单位	政策内容
2016 年 1 月 22 日	住房城乡建设部	城市综合管廊国家建筑标准设计体系
2016 年 3 月 24 日	住房城乡建设部、财政部	城市管网专项资金绩效评价暂行办法
2016 年 4 月 14 日	住房城乡建设部	建立国家城市地下综合管廊的信息周报制度
2016 年 4 月 22 日	住房城乡建设部、财政部	关于开展地下综合管廊试点年度绩效评价工作的通知
2016 年 5 月 26 日	住房城乡建设部、国家能源局	推进电力管道纳入城市地下综合管廊的意见
2016 年 6 月 2 日	住房城乡建设部、国家能源局	鼓励电网企业参与投资建设运营地下综合管廊
2016 年 6 月 20 日	住房城乡建设部	关于推进城市地下综合管廊的电视会议
2016 年 8 月 16 日	住房城乡建设部	提高城市排水防涝能力推进城市地下综合管廊建设的通知
2016 年 11 月 1 日	住房城乡建设部、国家开发银行	关于城市地下综合管廊建设运用抵押补充贷款资金有关事项的通知

表 1.2　我国现阶段已经投入使用的城市地下综合管廊信息

建设案例	长度/km	造价/亿元	单价/(万元·m⁻¹)	收费情况
上海张杨路	11.13	3.00	2.70	未收费
上海松江新城	0.32	0.15	4.64	未收费
上海安亭新镇	5.80	1.40	2.41	未收费
广州大学城	17.40	4.00	2.29	收费
南京市河西	8.90	6.00	6.74	未收费
珠海横琴新区	33.40	22.00	6.58	收费
厦门湖边水库	5.40	1.62	3.00	收费
昆明彩云路	23.00	4.27	1.85	收费

续表1.2

建设案例	长度 /km	造价 / 亿元	单价 /(万元·m^{-1})	收费情况
昆明广福路	16.00	4.78	2.98	收费
白银银山路	2.65	1.85	3.30	收费
白银环山路	5.60	3.83	6.69	收费
苏州月亮湾	0.92	0.40	4.35	收费
武汉王家墩商务区	6.20	3.80	6.13	收费

1.3　天然气管网泄漏研究进展

　　我国学者对于天然气管网泄漏扩散的研究始于 20 世纪 90 年代。田贯三研究了管道孔口或裂缝的泄漏问题,将燃气管道的泄漏过程视为可压缩气体孔口出流过程,推导出孔口条件下天然气泄漏量和扩散速度的计算公式,并讨论和模拟分析了泄漏过程的衰减规律及浓度场变化。张启平在考虑气团的初始密度、泄漏模式、风速、大气稳定度、温度等因素影响的情况下,运用重气模型分析了重气团重气效应的行为过程。在考虑黏性力影响的情况下,袁秀玲等提出了一种气体通过小缝泄漏过程的数值计算模型,计算结果的准确率远比采用喷管流动模型和黏性流动模型时高。段卓平等采用数值模拟的方法研究了易燃易爆危险物在大气中的扩散过程,给出危险源周围任一点处危险物的浓度变化规律以及任一时刻空间危险物浓度分布。

　　进入 21 世纪,我国在天然气管网泄漏扩散方面的研究已逐步增多。丁信伟等运用气体动力学对气体微元进行了质量平衡、动量平衡和能量平衡分析,提出了一种新的扩散模型,并通过设计简易风洞,验证了该模型的合理性。何利民等采用 Fluent 的无化学反应的燃烧模型对天然气管网泄漏扩散进行了模拟,重点分析了天然气管网泄漏时甲烷扩散的危险区域划分,以及风对泄漏扩散的影响。李又绿等结合天然气管网泄漏扩散过程的特殊性,在综合考虑输气管道孔口泄漏过程的射流作用和膨胀效应,以及重力作用和水平风速对天然气扩散的影响效果之后,建立了适合天然气管网泄漏特点的扩散模型。侯庆民采用 Fluent 模拟了气体泄漏扩散,得到的天然气扩散与风速、泄漏孔径、压力以及障碍物之间的关系与正态分布假设下的统计规律一致。蔺跃武将泄漏过程中管道内的流动视为理想气体的绝热流动,将泄漏过程视为理想气体的等熵流动,建立了天然气输气管道破裂泄漏量计算的普遍化模型,并指出该模型可以对不同泄漏孔径的泄漏量进行分析和计算。霍春勇在理想气体状态方程中引入压缩因子,验证了管网泄漏过程中的小孔泄漏和管网泄漏公式的适用性,给出了大孔泄漏情况下的计算公式,并分析了非稳态工况下的泄漏问题。潘旭海等分析了描述易燃易爆及有毒有害气体泄漏扩散过程的数学模型,针对事故泄漏扩散过程的复杂性,讨论了气象条件及地形条件对危险性物质泄漏扩散过程的影响,并且探讨了不确定参数的选取问题。王海蓉结合箱模型和重气扩散模型,分析了LNG 重气云团连续点源的泄漏扩散。王大庆等研究了现有气体泄漏率计算模型,提出采用管内亚临界流、孔口临界流状态下的相关方程与管道模型相结合的方法来计算不同泄漏孔径下气体的泄漏率。王树乾等利用 Fluent 的物质传输模型和湍流模型模拟了不同压力下天然气管道的泄漏扩散,通过对比分析模拟结果,得到了不同泄漏压力对天然气扩散的影响效果。向素平等结合实际中的限流情况和因紧急切断装置动作造成的不稳定状态,以及管网泄漏处天然气的流速(音速或是亚音速),建立了管网泄漏模型,进而求解各种工况下泄漏口处的天然气状态参数,求解结果与实际基本吻合。艾唐伟等通过对危险气体泄漏后浓度的计算和浓度等高线的模拟,做到了迅速判断事故周边某处的安全状态并确定气体扩散浓度与大气稳定度和风速的关系。薛海强根据射流原理,对燃气泄漏过程的速度场与浓度场进行了动态模拟计算,分析了燃气扩散各种影响因素的作用。肖建兰等在考虑天然气泄漏的射流和膨胀过程中所受重力、浮力、风速等因素影响的基础上,建立了模拟天然气管网泄漏扩散模型。叶峰等建立了天然气在大气中扩散传播的数学模型和有限元模型,借助有限元软件 ANSYS 对天然气在大气中的扩散传播情况进行了动态模拟,其成果说明应用有限元方法来模拟输气管网泄漏问题是可行的。杨昭等通过研究泄漏气体扩散边界确定了泄漏气体扩散形成的危险域,从而得到提高风速或气体泄放速度均会加大气体的扩散速度而使沿下风向的扩散浓度减小的结论。除此之外,国内还有其他学者及研究人员在这方面做了大量的研究,均为我国天然气管网泄漏的研究做出了重要贡献。

第 2 章　天然气负荷特性及负荷预测

　　城市天然气用气包括居民生活用气、公共建筑用气、建筑物采暖用气、工业企业用气等,对天然气的使用情况都是依天气情况和人们社会活动等因素的影响而变动的,有小时、昼夜和季节的高峰期和低谷期,存在突出的不均匀性和随机性。因此,在制定未来的天然气生产规划,进行管网用气运行调度时,特别是在确定用于城市季节性和事故调峰需求量时,都必须对天然气管网用气负荷进行准确科学的预测。

2.1　天然气负荷的基本概念

2.1.1　天然气负荷的定义

　　负荷是一个含义很广泛的概念。天然气系统终端用户对天然气的需用气量形成天然气系统最基本的负荷,即天然气用气负荷,简称天然气负荷。传统上也将天然气负荷称为天然气需用气量。用户对天然气的需用不只是在一定时段内的用气量,还具有随时间变化的形态。从天然气工程技术系统角度,可以将终端用户对天然气在一个时段内的需用量以及用气量随时间的变化,统称为天然气负荷。

　　按生产和生活需用天然气用途的不同,可将天然气负荷区分为狭义的城市天然气负荷和广义的城市天然气负荷。

　　狭义的城市天然气负荷包括居民生活用气量、商业用气量、工业用气量、采暖和空调用气量、汽车用气量以及其他用气量;广义的城市天然气负荷除上述以外,还包括发电动力用气量等。将广义城市天然气负荷加上作为原料的化工用气量,则构成系统天然气负荷(或天然气系统负荷)。可见,一定的天然气负荷概念对应于一定的天然气系统作用范围。不同的天然气负荷对天然气的质量和物理参数会有不同的要求。

　　随着社会和经济环境的变化,天然气负荷会随时间推移而改变。在我国城市(镇)燃气负荷正在向以天然气为主导方面转变,这就促使我国天然气系统的规模变大,并在相当长的一段时间内保持增长趋势。天然气在全国范围内的应用更加普及,相应地会引起城市能源结构和天然气用户结构发生变化。

在城市能源结构方面,天然气的供应会推动煤、电、气等能源供应的增加和互相替代。天然气会最大限度替代煤,部分替代油用于车辆燃料,也可能在用于发电的同时,部分又被电所取代。

在天然气用户结构方面,城市天然气由原来的以居民生活用气为主,变为以工业、采暖、空调、汽车用气以及发电动力用气为主。国民经济中第三产业比重增加,导致天然气用户结构发生变化。城市居民生活方式发生变化,生活水平提高,社会化程度增加,热水用量增加,外购成品食品比例加大和更多的出外餐饮、娱乐和旅游等,都会影响到天然气需用情况。

2.1.2　天然气负荷的分类

天然气负荷可按用户类型、累计时间和组成负荷的分量进行分类。

1.按用户类型分类

（1）居民生活用气负荷。

居民生活用气负荷指居民用于炊事、生活用热水的用气。

民用负荷的特点是与人们的日常生活规律紧密相关。图 2.1 所示为哈尔滨市某日天然气居民生活用气负荷,图中天然气负荷呈现出早、中、晚三次高峰,而早、晚的两次高峰值要比中午的高峰值大得多。这是因为早、晚用户的用气时间比较集中,且存在早晚要制备热水,温度又比中午低等情况。

（2）工业企业生产用气负荷。

工业企业生产用气负荷包括工业企业生产设备用气和生产过程作为燃料的用气。

工业企业生产用气负荷由工业生产的规律决定,将天然气作为化工原料,一般是从天然气长输管道系统直供,用气属于天然气系统,工作日的负荷较大而节假日的负荷较小,总负荷较其他类型负荷稳定,受天气等因素的影响较小。

（3）商业用气负荷。

商业用气负荷指宾馆、餐饮、医院、学校和机关单位等商业用户的用气。

商业用气负荷所占的比重不及工业企业生产用气负荷和居民生活用气负荷,但商业用气负荷对每日负荷晚高峰的出现有明显的影响。另外,在节假日商业用气负荷由于商户增加营业时间及业务量的增大,成为节假日期间影响天然气负荷的重要因素。

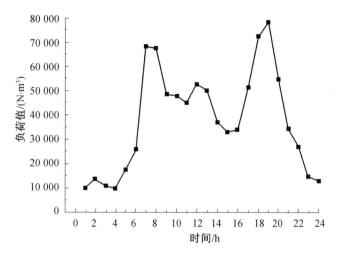

图 2.1　哈尔滨市某日天然气居民生活用气负荷

（4）采暖用户季节性用气负荷。

采暖用户季节性用气负荷主要指采暖用气，它与室外温度、湿度、风速和太阳辐射等气候条件密切相关，其中起决定作用的是室外温度，因而在全年中有很大的变化。

（5）天然气汽车用气负荷。

近年来天然气汽车得到很大的发展，天然气汽车用量有望出现显著增长。

2.按累计时间分类

（1）短期负荷。

短期负荷指每小时、每天的用气量。

利用短期负荷预测结果，可以确定短期调峰的长输管道末端储气量，为管网优化调度、设备维修及事故抢修等提供决策支持。

（2）长期负荷。

长期负荷指每年甚至几年的用气量。

长期负荷预测的目的在于掌握天然气消费量的增长趋势和变化规律，制定未来的天然气生产、消费、贸易政策，保障国内天然气供求的基本平衡。

（3）中期负荷。

中期负荷指每月、每季节的用气量。

天然气季节负荷是地下调峰储气库最基本的设计参数，对其进行准确的预测，对于安排天然气生产计划，确定生产能力，保证系统运行的可靠性具有极其重要的意义。

3.按组成负荷的分量分类

（1）典型负荷分量。

典型负荷分量也称正常分量，它与气象、异常情况或特殊事件等因素无关，具有线性变化和周期变化的特点。线性变化描述日平均负荷变化规律，而周期变化描述以 24 h、周、月、年为周期的变化规律。

（2）天气敏感负荷分量。

天气敏感负荷分量与一系列天气因素有关，如温度、湿度、风力、阴晴等。不同天气类型对负荷的影响是不同的，一年中不同时期的同种天气类型对负荷的影响也有所不同。

（3）异常情况或特殊事件负荷分量。

异常情况或特殊事件负荷分量使负荷明显偏离典型负荷特性，如重大事件、系统故障等。由于这类事件存在随机性，需要由调度人员参与判断。

（4）随机负荷分量。

根据历史负荷记录，提取出典型负荷分量、天气敏感负荷分量和异常情况或特殊事件负荷分量后，剩余的残差即为随机负荷分量，它是负荷数据中不可解释的部分。

2.1.3　天然气负荷的特性

天然气用户用气的不均匀性，在一定程度上导致天然气负荷具有以下几种特性。

1.随机性和统计性

气象因素、工作作息时间等不断变化，或者天然气输配管网出现事故工况、新用户临时增加等，会导致天然气负荷的一些偶然性和随机变化。对于某一单独用户，受外界因素的影响，其天然气负荷在一定的范围内表现出较强的随机性，但高峰用气时段又具有某种规律性。随着用户数量和种类的增加，天然气负荷又会趋向于稳定，即具有一定的统计性。

2.周期性和连续性

天然气负荷随年、月、周和日而变化，小时用气负荷体现出 24 h 为周期的变化规律。日天然气负荷通常以周为周期规律变化，受气候条件改变和节假日的影响较大；月天然气负荷通常以一年为周期变化，主要受人口及经济发展的影响。可见，天然气负荷是一个随时间变化的连续变量。图 2.2 所示为上海市连续五年天然气负荷变化,从图中可以看出天然气负荷以年为单位进行着周期性的变化,并且曲线变化呈现正态分布,每年的最高用气量较前一个周期都有一定的增加。

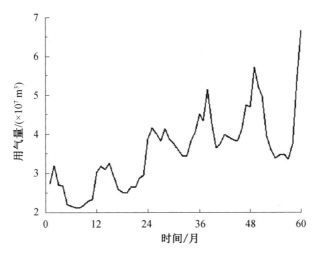

图 2.2　上海市连续五年天然气负荷变化

天然气负荷曲线任意相邻两点之间变化是连续的,不存在奇点,究其原因是为了保证系统稳定运行,避免对系统造成大的冲击,在增加或减少负荷时都要求负荷大小限制在一定的范围之内。由于这种限制,负荷总量表现为一个连续变化的过程,除非系统发生故障,否则天然气负荷曲线不会出现大的跃变。

3.趋势性和季节性

天然气负荷与时间有着密切的关系,是一个建立在时间序列上的数据集。随着城市的发展,不断会有新的天然气用户增加,使得天然气负荷在按一定周期变化的同时也会有一定的增长趋势。

天然气负荷的季节性是由不同季节里各类负荷所占比例不同造成的。在夏季,由于气温偏高,天然气负荷中空调负荷(用于降温的负荷)所占的比重较大,空调负荷随温度的升高而增加,随温度的降低而减小。冬季气温偏低,天然气负荷中用于取暖的负荷所占的比重增加,寒潮来临或温度降低时,用于取暖的负荷还有可能激增。因此,天气尤其是夏季和冬季的天气与天然气负荷有着密切的关系。

2.2　　天然气负荷预测的意义

天然气负荷预测就是指在考虑了一系列的负荷特点、气象因素、国家政策和社会因素的前提下,运用适合的方法对未来某一时期的天然气负荷进行预测。科学的预测是进行决策的依据和保证,具有极大的经济价值和社会意义。

1.为与上游签订"照付不议"的合同提供基础数据

"照付不议"是指在合同年内,如果买方没有提足合同中规定的照付不议量,对未提的部分,买方也要支付气款。因此,准确的天然气负荷预测是天然气公司签订天然气相关合同的重要依据。因为按照这种合同模式,买方承担了落实用气市场的责任风险,所以天然气公司在保证经济效益的同时,既要满足用户用气量的需求,又要满足远期市场规划,这样才能以照付不议的优惠价格获取天然气,从而避免因购买量的不恰当而导致的重大经济损失。

2.为城镇天然气输配管网的规划设计提供基础依据

在输配管网工程初级设计阶段,精确的负荷预测可以帮助确定工程配置规模、设备选型等技术指标,是进行水力计算和经济性计算的基础。

3.为天然气公司制订调峰方案提供主要参数

在制订调峰方案时,天然气公司需要掌握天然气负荷随时间变化的规律,并根据天然气负荷的预测值及随时间变化的规律,来确定合适的储气方式和储气量,使其既能满足市场天然气的实际需要,又能减少不必要的花费,从而提高经济效益。

4.为天然气公司经营管理和优化调度提供重要资料

在城镇天然气输配系统中,供气、输气及储气等都需要前期大量的投资,在项目投入运行后进行的调峰调压过程中,需要一个具有延时阶段性的时间,只有得到准确的天然气负荷的预测值,企业才能提前做出反应,在保证满足用户需求的前提下,减少投资费用及经营费用。

可见,对供气系统来说,一方面,准确预测城市天然气消费需求量能够为调峰储气设施提供最基本的设计参数,满足城市用气的供气和调峰要求;另一方面,准确地预测负荷,在城镇天然气输配系统的规划设计、运营管理、优化调度等方面都起着重要作用,不但可以提高管网运行的安全稳定性和可靠性,而且能满足用气高峰阶段用户的用气需求,使供气系统及设施能够经济、高效运行。

为适应我国天然气工业高速发展的需要,2015 年末我国修订并实施了《城镇燃气规划规范》(GB/T 51098—2015),该规范规定:平衡城镇天然气逐日、逐月的用气不均匀性由供气方统筹调度解决,城镇天然气调峰方式选择应根据当地地质条件和资源状况,经技术经济分析等综合比较确定,有建设地下储气库条件时,宜选择地下储气库调节季峰、日峰。该规范明确了天然气调峰的首选方式是地下储气库,但目前在城市天然气管网规划中,调峰负荷(也称储气容积)一直是以平均日供气量的 50% ~ 60% 来确定的,而忽略了气象条件、生活习惯、用户类型比例及地区差别等诸多影响因素,这必然带来盲目性和经济上的浪费。

2.3　天然气负荷预测模型

由于负荷预测是根据负荷的过去和现在推测它的未来数值,所以负荷预测研究的对象不是确定事件,它要受到多种多样复杂因素的影响。

随着科学技术的发展,数据采集与监控(Supervisory Control and Data Acquisition,SCADA)系统已广泛应用于天然气行业。目前有些天然气工业发达国家的城市管网已装备了 SCADA,根据此系统采集的管网运行数据,考虑天气部门的天气预报和其他一些影响因素,利用所研制的负荷预测商业软件,可进行小时、日、月用气量的预测,为调度部门提供科学的依据。

负荷预测方法主要分为数据挖掘方法和人工智能方法两大类。

2.3.1　基于数据挖掘方法的负荷预测模型

1.多项式预测模型

对日用气负荷值的预测,经实际模拟验证表明,用 6 次多项式能较好地预测负荷变化量:

$$q(t) = a_0 + a_1 t + a_2 t^2 + \cdots + a_6 t^6 \tag{2.3.1}$$

式中,$q(t)$ 为日用气量;$a_0, a_1, a_2, \cdots, a_6$ 为拟合系数;t 为时间;多项式系数由实测的日用气量样本确定 $(q_i, t_i, i = 1, 2, \cdots, n)$,$n$ 为天数。

得到关于 $a_0, a_1, a_2, \cdots, a_6$ 的 n 个线性方程组后,用最小二乘法确定得到天然气日负荷为

$$\hat{q}(t) = a_0 + a_1 t + a_2 t^2 + \cdots + a_6 t^6 \qquad (2.3.2)$$

式中，$\hat{q}(t)$ 为日用气量计算值。

多元线性回归方程法对于短期负荷的预测精度较高，且便于计算机化，但模型中由于没有考虑温度的季节差，对中长期负荷预测的结果精度较差。

2. 负指数函数模型

中长期负荷模型中的趋势项部分，一般反映城市天然气负荷的增长。对新建或有较大规模扩建的城市，开始年份的增长速度较大，以后增速逐年减小直到趋于一个较稳定的用气量规模。对此可以考虑用负指数函数模型预测：

$$q_a = c + a e^{\frac{b}{t}} \qquad (a > 0, b > 0, c \geqslant 0) \qquad (2.3.3)$$

式中，q_a 为年负荷；a、b、c 为系数。

系数 a、b 用已建城市天然气历史经验数据进行曲线拟合后求得，c 是起始年 $t = 0$ 时的 q_a 值。

曲线拟合方法以式(2.3.3)为例，对式(2.3.3)进行变量置换，变为线性方程式：

$$\ln(q_{ai} - c) = \ln a - \frac{b}{t_i}$$

记

$$y_i = \ln(q_{ai} - c), \quad x_i = \frac{1}{t_i}, \quad A = \ln a$$

得

$$y_i = A - x_i b \qquad (2.3.4)$$

将已有的年负荷样本数据 $(q_i, t_i, i = 1, 2, \cdots, n)$ 代入式(2.3.3)，得到 n 个关于 A、b 的线性方程组，用最小二乘法求出 A、b，计算 $a = e^A$，得到负指数函数模型的计算式：

$$\hat{q}_a = c + a e^{-\frac{b}{t}} \qquad (2.3.5)$$

3. 分段幂函数模型

分段幂函数模型适用于预测一日内小时用气量变化：

$$q_h(t) = q_{hav} \left\{ 1 \pm S_k \left[1 - \left(1 - \frac{t}{T_k} \right)^{n_k} \right] \right\} \qquad (2.3.6)$$

式中，$q_h(t)$ 为小时用气量；q_{hav} 为日平均小时用气量；S_k 为第 k 高峰(或低谷)小时用气量峰值(或谷值)与平均小时用气量的比值；$\pm$ 为对用气高峰时段取 $+$ 号，对用气低谷时段取 $-$ 号；T_k 为第 k 高峰(或低谷)用气时段的一半；t 为时间;n_k 为第 k 高峰(或低谷)用气量函数的幂指数,n_k 为偶数。

需要选择若干日的 24 h 用气量数据作为一个检测样本,由此样本数据确定函数模型的参数。其中可将一日内的用气量变化划分为 6 个时段,即 $k=1$,$2,\cdots,6$,三个为高峰段,三个为低谷段,则其中 S_k、T_k、n_k 各有 6 个参数。n_k 可以取为 $n_k=2$,按检测的一日内小时用气量数据平均值确定 T_k。因此,只剩下 6 个待定参数 S_k,可分段由检测数据用最小二乘法确定 S_k。由

$$\frac{q_h(t)}{q_{hav}}-1=\pm S_k\left[1-\left(1-\frac{t}{T_k}\right)^{n_k}\right] \tag{2.3.7}$$

记

$$\frac{q_h(t)}{q_{hav}}-1=y_i,\quad\left[1-\left(1-\frac{t}{T_k}\right)^{n_k}\right]=x_i$$

式(2.3.7)变为

$$y_i=\pm S_k x_i\quad(i=1,2,\cdots,m)$$

$$S_k=\frac{\sum\limits_{i=1}^{m}y_i}{\sum\limits_{i=1}^{m}x_i}$$

式中,m 为样本点数。

由 S_k 可得 $q_h(t)$ 的计算式:

$$q_h(t)=q_{hav}\left\{1\pm S_k\left[1-\left(1-\frac{t}{T_k}\right)^{n_k}\right]\right\} \tag{2.3.8}$$

4.回归模型

在天然气负荷与影响天然气负荷的各种因素之间存在着某种统计规律性,即回归关系。可通过回归分析掌握历史数据中存在的规律,在判别影响天然气负荷主要因素前提下,列出变量之间的回归方程,根据确定的模型参数进行预测。即可由给出的各因素预测值,用回归方程得到天然气负荷的间接预测值。对于实际天然气负荷问题,一般可以采用多元线性回归模型解决。

设对天然气负荷 q 有影响的因素 $x^j(j=1,2,\cdots,m)$ 有 n 次样本值 $\{q_j\}_{n\times1}$,$\{x_{ij}\}_{n\times m}$,设有

$$q_i=\beta_0+\beta_1x_{i1}+\beta_2x_{i2}+\cdots+\beta_jx_{ij}+\cdots+\beta_mx_{im}+\varepsilon_i\quad(i=1,2,\cdots,n) \tag{2.3.9}$$

式中,$\beta_0,\beta_1,\beta_2,\cdots,\beta_m$ 为参数;$\varepsilon_1,\varepsilon_2,\cdots,\varepsilon_n$ 为 n 个互相独立的且服从同一正态分布 $N(0,\sigma)$ 的随机变量,即 ε 的数学期望 $E(\varepsilon)=0$,σ 为标准差。

记

$$\boldsymbol{q} = \begin{bmatrix} q_1 \\ q_2 \\ \vdots \\ q_n \end{bmatrix}, \quad \boldsymbol{X} = \begin{bmatrix} 1 & x_{11} & x_{12} & \cdots & x_{1m} \\ 1 & x_{21} & x_{22} & \cdots & x_{2m} \\ \vdots & \vdots & \vdots & & \vdots \\ 1 & x_{n1} & x_{n2} & \cdots & x_{nm} \end{bmatrix}$$

$$\boldsymbol{\beta} = \begin{bmatrix} \beta_1 \\ \beta_2 \\ \vdots \\ \beta_m \end{bmatrix}, \quad \boldsymbol{\varepsilon} = \begin{bmatrix} \varepsilon_1 \\ \varepsilon_2 \\ \vdots \\ \varepsilon_n \end{bmatrix}$$

式(2.3.9)的矩阵形式为

$$\boldsymbol{q} = \boldsymbol{X}\boldsymbol{\beta} + \boldsymbol{\varepsilon}$$

对参数 $\boldsymbol{\beta}$，用最小二乘法进行估计，可得 $\boldsymbol{\beta}$ 的估计值为 $\boldsymbol{b}$，有

$$\boldsymbol{Ab} = \boldsymbol{B}$$

其中，

$$\boldsymbol{A} = \boldsymbol{X}^\mathrm{T}\boldsymbol{X}$$

$$\boldsymbol{B} = \begin{bmatrix} \sum\limits_{i=1}^{n} q_i \\ \sum\limits_{i=1}^{n} x_{i1} q_i \\ \sum\limits_{i=1}^{n} x_{i2} q_i \\ \vdots \\ \sum\limits_{i=1}^{n} x_{im} q_i \end{bmatrix} = \begin{bmatrix} 1 & 1 & \cdots & 1 \\ x_{11} & x_{21} & \cdots & x_{n1} \\ x_{12} & x_{22} & \cdots & x_{n2} \\ \vdots & \vdots & & \vdots \\ x_{1m} & x_{2m} & \cdots & x_{nm} \end{bmatrix} \begin{bmatrix} q_1 \\ q_2 \\ \vdots \\ q_n \end{bmatrix} = \boldsymbol{X}^\mathrm{T}\boldsymbol{q}$$

$$\boldsymbol{b} = \boldsymbol{A}^{-1}\boldsymbol{B} = \boldsymbol{A}^{-1}\boldsymbol{X}^\mathrm{T}\boldsymbol{q} = (\boldsymbol{X}^\mathrm{T}\boldsymbol{X})^{-1}\boldsymbol{X}^\mathrm{T}\boldsymbol{q}$$

可以证明 $\boldsymbol{b}$ 是 $\boldsymbol{\beta}$ 的无偏估计，即 $\boldsymbol{b}$ 的数学期望 $E(\boldsymbol{b}) = \boldsymbol{\beta}$，于是由天然气负荷多元回归模型得到的多元回归方程为

$$y = b_0 + b_1 x_1 + b_2 x_2 + \cdots + b_m x_m \tag{2.3.10}$$

式中，y 为天然气负荷计算值；$b_0, b_1, \cdots, b_m$ 为拟合系数。

回归模型适合中长期的负荷预测，但在使用这种模型时，必须找到一个恰到好处的自变量，这样可减少计算量，增加模型稳定性，达到控制误差的目的。

从上述对模型的描述可见，数据挖掘方法建模相对简单，方便实用，但难以考虑多因素影响。随着科技的进步和各种计算机算法的实现，人工智能方法开

始应用于天然气负荷的预测。人工智能类方法适用于考虑多因素影响的情况，目前已在天然气负荷预测方面得到广泛的应用和发展。

2.3.2　基于人工智能方法的负荷预测模型

1.人工神经网络模型

人工神经网络（Artificial Neural Network，ANN）指的是通过对人脑行为的模拟形成的网络系统，这种方法不同于传统的方法，是一种创新的处理信息的工具。其通过一些学习中获得的参数映射出非线性关系和通过模拟人脑对数据进行智能化的分析，自动适应一些不够准确的数据，对于短期负荷预测极为有效。

人工神经网络结构如图 2.3 所示，包括输入层 M、若干隐层 K 和输出层 L，每层中都有若干个神经元（1，2，$\cdots$，N）。其中任何一个神经元都和其下一层任意一个神经元通过权值相联系。

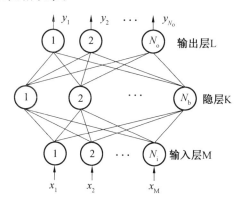

图 2.3　人工神经元网络结构

人工神经网络模型的求解过程是一个利用已知样本的学习过程，目前应用较为广泛的一种人工神经网络算法是 BP 算法（Backpropagation Learning Algorithm）。该算法将人工神经网络的实际输出与期望输出之间的误差反向传播，用基于最速梯度下降方法来调整权值和阈值，使误差达到最小，基本步骤如下。

（1）赋予网络隐节点、输出节点的连接权值 $W_{i,j}$ 为任意随机小量（$-1,1$）。

（2）从 P 个学习样本集（(x_j,y_j)，$j=1,2,\cdots,P$）中取出一个样本 (x_j,y_j)，将其信号 x_j 输入网络学习训练，并指明其期望输出 y_j。

（3）信号向前传播，在隐节点和输出节点，都经过激活函数（Sigmoid 型函数）作用，最后从输出节点得到网络的实际输出值。激活函数为

$$f(x) = \frac{1}{1 + e^{-x-V}}$$

(2.3.11)

式中，V 为激活函数的阈值。

隐层 K 中神经元的输入为

$$\text{net K} = \sum_{j=1}^{n} W_{jk} x_j$$

(2.3.12)

式中，W 为隐层神经元输入的权系数。

隐层 K 中神经元的输出为

$$R_K = \frac{1}{1 + \exp\left(-\sum\limits_{j=1}^{n} W_{jk} x_j - V_K\right)}$$

(2.3.13)

输出层 L 中神经元的输入为

$$\text{net L} = \sum_{k=1}^{m} W_{kl} R_K$$

(2.3.14)

输出层 L 中神经元的输出为

$$R_L = \frac{1}{1 + \exp(-\text{net L} - V_L)}$$

(2.3.15)

（4）对训练样本的学习，采取批量学习的方法，一次将所有训练样本全部输入，利用其总体的输出误差 E 来调整各神经元的阈值和连接权值。

$$E = \frac{1}{2} \sum_{j=1}^{P} \left[y_j - R_L(j) \right]^2$$

(2.3.16)

式中，$R_L(j)$ 为网络实际输出。

若 $E < \delta$（指定精度），则学习结束，并输出调整后的权值；否则进行下一步。

（5）返回到（2）重新输入样本学习，在学习时将误差信号沿原通路反向传播，逐层修改网络的各个权系数 W_{jk}、W_{kl}，求出误差函数的极小值，通过样本输入往复学习，直到满足 $E < \delta$ 为止。图 2.4 所示为采用人工神经网络模型预测的天然气小时负荷与实际负荷比较曲线。

人工神经网络的 BP 网络用于预测时，逼近效果好，计算速度快，但整个预测过程为黑箱，预测人员无法对系统的预测进程加以分析。

为验证人工神经网络用于短期负荷预测的准确性，以北方某城市天然气公司的天然气负荷数据作为学习和预测样本，采用 MATLAB 神经网络工具箱编写计算程序，气象数据选自黑龙江省气象台的气象实况统计资料。在同一收敛精度要求下，进行日负荷的预测。

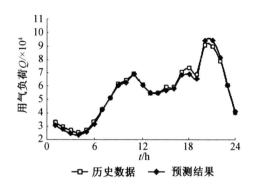

图 2.4 采用人工神经网络预测的天然气小时负荷
与实际负荷比较曲线

(1) 负荷值 q 的换算。

在输入层,采用下式将负荷值归一化为 [0,0.9] 范围中的值:

$$x = 0.1 + \frac{0.8(q - q_{min})}{(q_{max} - q_{min})}$$

在输出层,采用下式换算回负荷值:

$$q = q_{min} + (q_{max} - q_{min})(y - 0.1)/0.8$$

式中,q_{max}、q_{min} 分别表示训练样本集中负荷的最大值和最小值。

(2) 日最高温度(T_{max})、日最低温度(T_{min})、平均温度(T_{av})的换算。

温度对负荷影响的权重很大,但考虑到在一定的温度范围内,负荷几乎不变,因此将温度分成多个区间,使同一区间内的温度对应相同的值。温度区间的划分和对应的取值可根据实际系统情况调整。本例取温度在 (-35 ℃, 35 ℃) 区间内,对应的取值在 [0.1, 0.9] 区间内,每变化 10 ℃ 为一区间,如下所示。

0.1	0.2	0.3	0.4	0.5	0.6	0.7	0.8	0.9	取值
-35	-25	-15	-5	5	15	25	35		温度/℃

(3) 天气情况(W)的归一化。

根据天气变化的实际情况,将天气分为 6 类取值,降雪取 0.1,降雨取 0.3,阴天取 0,多云取 0.7,晴朗取 0.9。

(4) 日期类型(R)的归一化。

日期类型分为 3 类,分别是工作日(星期一至星期五)、一般休息日(星期六和星期日)、节假日(包括法定节假日和民间节日)。工作日取值为 0.4,一般休息日取值为 0.8。

人工神经网络模型预测结果与实际值比较见表 2.1。最大训练次数定为 15 000 次,样本最大平方误差为0.001。网络训练时收敛速率很快,迭代过程中没有振荡出现。训练每个人工神经网络约需 15 s。

表 2.1　人工神经网络模型预测结果与实际值比较

日期	星期	W	$T_{max}/℃$	$T_{min}/℃$	$T_{av}/℃$	实际值	预测值	误差/%
11.20	周一	多云	-4	-11	-7.5	95.2	94.52	0.72
11.21	周二	晴	-1	-7	-4	92.5	92.09	0.44
11.22	周三	小雪	-1	-5	-3	94.7	94.36	0.36
11.23	周四	多云	-6	-12	-9	98.5	97.49	1.02
11.24	周五	晴	-8	-17	-12.5	98.8	97.83	0.98
11.25	周六	小雪	-9	-20	-14.5	96.8	95.51	1.34
11.26	周日	小雪	-11	-22	-16.5	100.1	98.97	1.12

本例表明:根据城市天然气短期负荷变化的特性,所建立的既反映天然气负荷连续性、周期性及其变化趋势,又考虑了天气、气温、节假日等因素影响的 BP 人工神经网络短期负荷预测模型,可有效地预测城市天然气的短期负荷,所提供的方法可在实际中应用。

2.灰色预测模型

灰色系统理论是一种新的系统分析方法和建模思想,不需要计算统计特征量,解决了连续微分方程的建模问题,使预测模型的建模过程所依据的信息大大增加,适用于任何非线性变化的负荷指标预测,较好地反映了系统的历史演变规律。在数据不够充足的时候,可以运用灰色预测模型找到一定时期内起到明显作用的数据规律。灰色预测模型中最具一般意义的模型是 GM(1,1) 模型。预测的基本步骤如下。

(1) 设原始数列序列 $X^{(0)}(t) = [X^{(0)}(1), X^{(0)}(2), \cdots, X^{(0)}(n)]$。

(2) 对该数列作一阶累加生成:

$$X^{(1)}(k) = [X^{(1)}(1), X^{(1)}(2), \cdots, X^{(1)}(n)]$$

$$X^{(1)}(k) = \sum_{m=1}^{k}(X^{(0)}(m)) \quad (k = 1, 2, \cdots, n)$$

利用 $X^{(1)}$ 构成下述一级白化微分方程:

$$\frac{dX^{(1)}}{dt} + aX^{(1)} = u \tag{2.3.17}$$

式中,a、u 为待定系数。利用最小二乘法求解参数 a、u。

$$\hat{a} = (\boldsymbol{B}^{\mathrm{T}}\boldsymbol{B})^{-1}\boldsymbol{B}^{\mathrm{T}}\boldsymbol{Y}_N$$

$$\boldsymbol{Y}_N = [X^{(0)}(2), X^{(0)}(3), \cdots, X^{(0)}(n)]^{\mathrm{T}}$$

$$\boldsymbol{B} = \begin{bmatrix} -\dfrac{1}{2}(X_1^{(1)} + X_2^{(1)}) & 1 \\ -\dfrac{1}{2}(X_2^{(1)} + X_3^{(1)}) & 1 \\ \vdots & \vdots \\ -\dfrac{1}{2}(X_{n-1}^{(1)} + X_n^{(1)}) & 1 \end{bmatrix}$$

得到灰色预测模型为

$$\hat{X}^{(1)}(k+1) = \left[X^{(0)}(1) - \frac{u}{a}\right]\mathrm{e}^{-ak} + \frac{u}{a} \quad (k=0,1,2,\cdots) \quad (2.3.18)$$

$$\hat{X}^{(0)}(k+1) = \hat{X}^{(1)}(k+1) - \hat{X}^{(1)}(k) = (1-\mathrm{e}^a)\left[X^{(0)}(1) - \frac{u}{a}\right]\mathrm{e}^{-ak}$$

$$(k=1,2,\cdots) \quad (2.3.19)$$

灰色预测模型对于数据要求少,建立模型的过程清晰简单,而且运算起来较为简便,但是这种方法并不适合长期的负荷预测。

3.最优组合预测模型

天然气负荷序列受到诸多复杂因子和随机干扰的影响,用单一的预测模型有时很难达到理想的预测效果。将各种智能算法相互结合,扬长避短,可以在原来的基础上获得更为精确的预测效果,不少文献中的实验结果均表明了组合方法的优越性,因此现阶段针对天然气负荷预测的研究更倾向于使用组合方法。其组合方式分为两种:一种是横向组合,即对若干种预测方法的初步结果加权平均得到最终结果;另一种是纵向组合,即先对若干种预测方法进行比较,再选择拟合度最佳或标准偏差最小的预测模型进行预测。

中期负荷变化规律十分复杂:一方面,负荷值具有以年为周期单调递增的增长趋势;另一方面,负荷值与天气、温度有关,且每年同一季节又具有相似波动性的趋势,存在随机性、分散性和多样性。根据灰色 GM(1,1) 模型具有较好的指数增长特性的特点,用其对时间序列的增长趋势建模,同时根据人工神经网络有较好的描述复杂非线性函数能力的特点,用其对随机性、分散性和多样性等非线性影响因素建模,最后根据最优组合预测理论,建立灰色神经网络(GMA)模型,建模步骤如下。

(1)对原始数据做一次累加生成,使生成数据列呈一定规律,通过建立微分方程模型,求得拟合曲线,建立 GM(1,1) 模型。

灰色预测模型为

$$\hat{X}^{(0)}(k+1) = \hat{X}^{(1)}(k+1) - \hat{X}^{(1)}(k) = (1-e^a)\left[X^{(0)}(1) - \frac{u}{a}\right]e^{-ak}$$

$$(k = 1,2,\cdots)$$

(2) 建立人工神经网络模型。

采用三层人工神经网络结构,中间一个隐层,输入层是 n 个神经元,输入历史数据的时间序列,输出层为一个神经元,即天然气的负荷。

训练样本的输入输出量仍归一化为[0.1,0.9]范围中的值。

输入层为

$$x = 0.1 + \frac{0.8(q - q_{\min})}{(q_{\max} - q_{\min})}$$

在输出层,采用下式将输出神经元换算回负荷值:

$$q = q_{\min} + (q_{\max} - q_{\min})(y - 0.1)/0.8$$

(3) 设 y_1 为灰色预测值,y_2 为人工神经网络预测值,y 为最优组合预测值,预测的误差分别为 ε_1、ε_2 和 ε,取 r_1 和 r_2 为相应的权系数,且 $r_1 + r_2 = 1$,有

$$y = r_1 y_1 + r_2 y_2$$

由统计理论中方差与协方差关系可知,对任意两个随机变量 X 和 Y,有等式成立:

$$D(X + Y) = D(X) + D(Y) + 2\text{cov}(X,Y)$$

为确定最优组合预测模型的权系数,令对应的偏差为

$$\varepsilon_1(i) = y(i) - \hat{y}_1(i) \quad (i = 1,2,\cdots,n,n+1)$$

$$\varepsilon_2(i) = y(i) - \hat{y}_2(i) \quad (i = 1,2,\cdots,n,n+1)$$

$$\varepsilon(i) = y(i) - \hat{y}(i) \quad (i = 1,2,\cdots,n,n+1)$$

可得 $\varepsilon(i) = y(i) - \hat{y}(i) = r_1\varepsilon_1(i) + (1-r_1)\varepsilon(i)$

由于 ε_1、ε_2 和 ε 均为随机变量,故

$$D(\varepsilon) = r_1^2 D(\varepsilon_1) + (1-r_1)^2 D(\varepsilon_2) + 2r_1(-r_1)\text{cov}(\varepsilon_1,\varepsilon_2)$$

为求方差 $D(\varepsilon)$ 的最小值,由极值原理知,方差 $D(\varepsilon)$ 的最小值必产生在驻点,故由 $\dfrac{dD(\varepsilon)}{dr_1} = 0$ 可得

$$r'_1 = \frac{D(\varepsilon) - \text{cov}(\varepsilon_1,\varepsilon_2)}{D(\varepsilon_1) + D(\varepsilon_2) - 2\text{cov}(\varepsilon_1,\varepsilon_2)}$$

取 $r_1 = r'_1$ 时,最优组合预测值与实际值的拟合偏差的方差最小。

由于当随机变量 X 与 Y 相互独立时,其协方差为零,而两模型 $\hat{y}_1(i)$ 和 $\hat{y}_2(i)$ 是独立建立的,故由误差分析理论可认为偏差 ε_1 与 ε_2 相互独立,故可忽略其协方差 $\mathrm{cov}(\varepsilon_1, \varepsilon_2)$,从而有

$$r'_1 = D(\varepsilon_2)/[D(\varepsilon_1) + D(\varepsilon_2)], r'_1 = D(\varepsilon_2)/[D(\varepsilon_1) + D(\varepsilon_2)]$$

故两模型的组合优化模型为

$$\hat{y}(i) = [D(\varepsilon_2)\hat{y}_1(i) + D(\varepsilon_1)\hat{y}_2(i)]/[D(\varepsilon_1) + D(\varepsilon_2)]$$

计算实例:以东北某城市天然气公司的天然气负荷数据作为学习和预测样本,对季节性消费负荷进行分析,所取历史数据为从 2011 年第一季度、第二季度直到 2018 年第四季度的天然气负荷。分别用人工神经网络模型、灰色预测模型和所提出的灰色神经网络模型进行预测。

建立 2011—2018 年每一季度负荷值的原始数据序列,共建立 4 个灰色预测模型和 4 个人工神经网络模型,人工神经网络模型采用三层人工 BP 神经元网络结构,中间一个隐层。学习样本输入层是 2011—2018 年季节负荷 9 个神经元,输出层为 2019 年负荷,进行学习。预测样本输入层是 2011—2018 年季节负荷 9 个神经元,输出层即为 2019 年负荷。

灰色神经网络模型为

$$y = r_1 y_1 + r_2 y_2$$

通过计算有

$$r_1 = 0.277, \quad r_2 = 0.723$$

各自的计算结果及与实际负荷值的比较见表 2.2。

表 2.2　东北某城市天然气管网 2019 年季节性用气量预测分析(负荷值:$10^7 \mathrm{m}^3$)

模型	第一季度	相对误差 /%	第二季度	相对误差 /%	第三季度	相对误差 /%	第四季度	相对误差 /%
实际值	121.321	—	73.25	—	68.11		94.52	—
GM(1,1)	117.3	3.31	70.38	3.91	66.04	3.05	91.18	3.53
ANN	118.6	2.24	71.54	2.33	66.57	2.26	92.01	2.65
GMA	119.3	1.66	72.11	1.55	67.03	1.59	92.63	1.99

表 2.2 中,相对误差 $\varepsilon = \dfrac{y_{\text{实际}} - \hat{y}_{\text{预测}}}{y_{\text{实际}}} \times 100\%$。

可见,GMA 模型取得了很好的预测效果,与其他预测模型相比,具有较高的收敛速度和预测精度、较强的适应性和灵活性,而且适用于一般具有时间序列的增长趋势和不确定影响因素波动性的负荷的预测。

2.4　精度检验

预测是一种对未来情况的估计,预测误差是指预测对象的真实值和预测值之间的差值,产生误差的原因主要有几个方面:一是预测需要用到大量的资料,资料不能全部保证准确无误;二是建立的预测模型只能包括研究对象的主要影响因素,次要因素一般忽略不计;三是存在某些突发情况。因此,预测误差是不可避免的,一般可通过平均相对误差绝对值、均方根误差、均方误差等指标判断预测精度。

2.4.1　预测精度指标

(1)平均相对误差绝对值(Mean Absolute Prediction Error,MAPE)。以MAPE作为评判指标,即先对 n 个预测值的相对误差求绝对值,再求其平均值,这样可以避免相对误差平均值的正负负荷相互抵消,计算公式为

$$\text{MAPE} = \frac{1}{n} \sum_{t=1}^{n} \left| \frac{x_t - \hat{x}_t}{x_t} \right| \quad (t = 1, 2, \cdots, n) \tag{2.4.1}$$

假设有 n 个预测值 $\hat{x}_1, \hat{x}_2, \cdots, \hat{x}_n$,对应 n 个实际值 $x_1, x_2, \cdots, x_n$。根据平均相对误差绝对值将预测精度划分为四个等级,见表2.3。

表 2.3　预测精度等级表

MAPE	预测精度等级
$< 10\%$	高精度预测
$10\% \sim 20\%$	好的预测
$20\% \sim 50\%$	可行的预测
$> 50\%$	不可行预测

(2)均方根误差(Root Mean Square Error,RMSE)。其计算公式为

$$\text{RMSE} = \sqrt{\frac{1}{n} \sum_{t=1}^{n} (x_t - \hat{x}_t)} \tag{2.4.2}$$

RMSE越大,表示预测精度越低。

(3)均方误差(Mean Square Error,MSE)。其也是预测精度的评价指标之一,计算公式为

$$\text{MSE} = \frac{1}{n} \sum_{t=1}^{n} (\hat{x}_t - x_t)^2 \tag{2.4.3}$$

当均方误差 MSE 低于设定值时,预测模型训练完成。MSE 越小,表示预测精度越高。

2.4.2　后验差检验

仅检验预测精度不能全面地评价一个预测模型,因此引入了以后验差比值和小误差概率为衡量指标的后验差检验对预测结果进行对比分析。后验差检验是通过计算残差及残差方差来检验预测结果,具体方法如下。

(1)求解原始序列 $x^{(0)}(k)$ 的均方差。

$$\overline{x}^{(0)} = \frac{1}{n} \sum_{k=1}^{n} x^{(0)}(k) \tag{2.4.4}$$

式中,$\overline{x}^{(0)}$ 为原始序列的平均值;$x^{(0)}(k)$ 为负荷数据的原始序列,$k=1,2\cdots n$;n 为负荷数据的个数。

$$S_1 = \sqrt{\frac{1}{n} \sum_{k=1}^{n} \left[x^{(0)}(k) - \overline{x}^{(0)} \right]^2}$$

式中,S_1 为原始序列 $x^{(0)}(k)$ 的均方差。

(2)求解残差序列 $e(k)$ 的均方差。

$$e(k) = x^{(0)}(k) - \hat{x}^{(0)}(k) \tag{2.4.5}$$

式中,$e(k)$ 为负荷数据的残差序列,$k=1,2,\cdots,n$;$\hat{x}^{(0)}(k)$ 为负荷数据的预测序列,$k=1,2,\cdots,n$。

$$\overline{e} = \frac{1}{n} \sum_{k=1}^{n} e(k)$$

式中,$\overline{e}$ 为残差序列的平均值。

$$S_2 = \sqrt{\frac{1}{n} \sum_{k=1}^{n} \left[e(k) - \overline{e} \right]^2}$$

式中,S_2 为残差序列 $e(k)$ 的均方差。

(3)求解后验差比值。

$$C = \frac{S_2}{S_1} \tag{2.4.6}$$

式中,C 为后验差比值。

C 代表的是预测值与实际值之间的离散关系,它排除了历史负荷数据离散程度较大对负荷预测效果判断的影响。C 越小代表预测数据与实际数据的拟合度越高。

（4）求解小误差概率。

$$P = P\{|e(k) - \bar{e}| \leqslant 0.674\ 5S_1\} \qquad (2.4.7)$$

式中，P 为小误差概率。落入区间 $[\bar{e} - 0.674\ 5S_1, \bar{e} + 0.674\ 5S_1]$ 的 $e(k)$ 越多时，P 值越大。

在后验差检验中，评定模型的预测精度等级需要综合 C 和 P 两个指标，见表 2.4。

表 2.4　后验差检验模型的预测精度等级

模型的预测精度等级	C	P
1 级：高精度预测	$C \leqslant 0.35$	$P > 0.95$
2 级：好的预测	$0.35 < C \leqslant 0.50$	$0.80 < P \leqslant 0.95$
3 级：可行的预测	$0.50 < C \leqslant 0.65$	$0.70 < P \leqslant 0.80$
4 级：不可行的预测	$C > 0.65$	$P \leqslant 0.70$

第3章 燃气管网泄漏扩散的基本理论

3.1 燃气在土壤中的扩散规律

3.1.1 土壤的基本特性参数

多孔介质涉及多种物质,如土壤、海绵、人体肝脏和其他在生活中更常见的物质。因此,多孔介质的传质现象涉及工农业的各个学科,如农业、材料、医学、化工工程等各个领域。多孔介质由固体骨架和孔隙共同组合而成,而孔隙之间连通或只有一部分连通。孔隙中可以存在气体、液体、蒸气等单相或多相流体,各相流体之间可以是互溶或者不互溶的。多孔介质的主要特征是孔径小,比表面积大。多孔介质的各个部分参数在整个区域范围内均匀一致时称为各向同性多孔介质,各个部分结构形状、大小在整个区域内都在变化时称为各向异性多孔介质。

土壤可视为多孔介质,研究燃气在土壤中的传质现象时,经常会涉及土壤的一些基本特征参数,本书主要阐述的土壤基本特性参数有孔隙率、含水率、饱和度和渗透率。

(1)孔隙率。

土壤的孔隙率是指土壤的微小孔隙总体积与土壤的外表总体积之比,即

$$\varepsilon = \frac{V_{孔隙}}{V_{土壤}} \tag{3.1.1}$$

式中,$V_{孔隙}$ 为土壤的微小孔隙总体积;$V_{土壤}$ 为土壤的外表总体积。

孔隙率是土壤重要的特性参数,孔隙率不同,燃气在土壤中的传质过程就会不同。土壤的孔隙率不仅与土壤的内部结构和土壤的颗粒直径大小有关,还与土壤颗粒之间的疏松程度、土壤的含水量、土壤的空气容量等有关。土壤的孔隙率越大,燃气在土壤中传质的扩散系数就越大,燃气在土壤中的扩散速度也就越快,同一时间内,泄漏扩散的危险范围也就越大。而密实的土壤即孔隙率小的土壤,则可以明显妨碍气体的转移扩散,使气体难以穿透。不同种类的土壤孔隙度各有差异,所以土壤的种类对燃气在土壤中泄漏扩散的影响不容忽视。

（2）含水率。

含水率w是土壤中总的水分质量（m_w）与干燥状态下的土壤质量（m_s）的比值，即

$$w = \frac{m_w}{m_s} \tag{3.1.2}$$

空气的运动黏度相较于水的运动黏度来说较小，在干燥土壤中燃气流动扩散会受到比在含水量较多的土壤中更小的阻力。因此，土壤的含水率越小，燃气在土壤中泄漏扩散时在土壤环境中受到的阻力越小，燃气泄漏扩散时的扩散系数越大，燃气泄漏扩散就越快，同一时间内，易发生事故的危险范围也就越大。

（3）饱和度。

在像土壤这样的多孔介质的孔隙中存在不同的流体，例如液体、空气、蒸气。每种流体所占土壤孔隙比例是表征土壤特性的重要参数。

土壤中的某种流体占土壤孔隙总体积的百分比称为土壤的饱和度，即

$$s_w = \frac{V_w}{V_v} \times 100\% \tag{3.1.3}$$

式中，V_w为流体所占据的土壤孔隙体积；V_v为土壤孔隙总体积。

（4）渗透率。

土壤的另一个重要特性参数是渗透率。渗透率可表征在浓度差或压力差等的驱动作用下，燃气等流体在土壤中泄漏扩散时的难易程度。达西渗透定律是达西通过流体的泄漏实验得出的：

$$u = \frac{k}{\mu} \frac{\partial P}{\partial x} \tag{3.1.4}$$

式中，$\dfrac{\partial P}{\partial x}$为流动方向上的压力梯度；$k$为渗透系数；$\mu$为流体运动黏度；$u$为孔隙内流体流速。

物理系统的渗透率计量单位为cm^2，D（达西）和千分达西（即‰D）通常用于工程中。土壤的渗透率越大，则燃气在土壤中进行泄漏扩散时的扩散系数就越大，燃气泄漏扩散就越容易进行，燃气泄漏扩散时的影响范围也就越大。一般来说，土壤越松散，燃气在土壤中的渗透率就越大，燃气的泄漏扩散也就越快，同一时间内燃气的影响范围就越大。常见的砂和土壤的孔隙率与渗透率见表3.1。

表 3.1　常见的砂和土壤的孔隙率与渗透率

材料名称	砂质砾	砂质砂	中砂	粉砂	砂壤土
孔隙率	0.25	0.2	0.15	0.12	0.1
渗透率/mD	1.82×10^5	6.23×10^4	2.60×10^4	1.09×10^4	2.65×10^3

3.1.2　燃气在土壤中的扩散过程分析

多孔介质中的传质过程主要包括分子扩散和对流传质两个过程。

（1）分子扩散过程。

由燃气中的分子无规则随机运动或者土壤内的微观粒子无规则随机运动引起的传质过程是分子扩散过程。燃气在土壤中的分子扩散过程是不可逆的。分子扩散时的驱动力是浓度差，分子扩散时分子进行随机的无规则运动，是使系统自发地由非平衡态逐渐变为平衡态的过程。

（2）对流传质过程。

由燃气的宏观运动引起的土壤内的传质过程是对流传质过程，类似于传热过程中的对流换热。燃气在土壤中扩散时进行的对流传质过程包括燃气与土壤之间的质量传递以及燃气和空气这两种气体之间的质量传质。燃气在土壤环境中的对流传质过程不但与土壤中燃气扩散运动的状态有关，而且与土壤自身的结构特征有关。

燃气在土壤中的泄漏扩散是一个极其复杂的扩散过程，包括泄漏孔附近的对流传质，它以压力梯度和浓度梯度为驱动力。分子扩散的驱动力为浓度梯度，主要发生在远离泄漏孔处。当直埋燃气管道发生小孔泄漏时，泄漏孔附近压力梯度和浓度梯度更高，压力梯度和浓度梯度促使燃气往土壤中的各个区域进行扩散。只要泄漏孔处的泄漏一直存在，则压力梯度和浓度梯度这两种驱动力就一直存在，一旦泄漏停止对流传质就会停止。分子扩散主要发生在远离泄漏孔处，且贯穿整个扩散过程，即使燃气的泄漏孔处停止泄漏，土壤内的燃气不再发生流动，只要存在浓度差，分子扩散过程就会继续进行。

3.2　燃气在有限空间内的扩散特征

有限空间指封闭或者部分封闭，与外界相对隔离，出入口较为狭窄，作业人员不能长时间在内工作，自然通风不良，易造成有毒有害、易燃易爆物质积聚或者氧含量不足的空间。其具体可以分为 4 类：密闭设备，如船舱、锅炉；地下有限空间，如地下管道、污水井；地上有限空间，如储藏室、冷库；冶金设备，如高炉、电炉等。本书主要研究地下有限空间，以地下排水管道为例进行分析。

城市排水管道内的运动包括污水的流动、管道空间内气体的扩散运动、管道内气体通过检查井井盖通气孔释放到大气中或是外界空气进入管道内等的流体运动,是一个非常复杂的流体力学问题。

(1)泄漏天然气进入排水管道的过程。

通常排水管道的水汽分界面及水位变化频繁处,管道顶部、侧壁腐蚀现象严重,容易出现隐蔽性强、很难被及时发现的小裂缝。泄漏的天然气一般通过这些小裂缝从土壤进入排水管道内部。

(2)排水管道内泄漏天然气的扩散过程。

由天然气中的分子无规则随机运动而引起的传质过程是分子扩散过程。天然气在排水管道内的分子扩散过程是不可逆过程,驱动力是浓度差。排水管道内的流动一般为非满管流,污水和管道内的气体会有一个明显的分界面,管内水位高度将直接影响气体的流动情况。由于地下排水管道相对封闭,管内气体的排出只能依靠检查井井盖上的通气孔,极易将管道内部与自然大气分为两个环境。管道内部与通气孔处的压强差将影响管道内天然气的流动情况,管道中的气体可能经通气孔溢出井外,外部环境中的空气也可能通过通气孔流向排水管道中,或沿管道中的非充满空间向下游运动,最终积聚在某个区域。导致压强差的原因很多,自然大气压的变化是直接原因;通气孔上方风速越大,压强越小;管道内部与检查井井盖外面可能存在温度差,导致气体的密度发生变化,进而影响气体的压强。

3.3　燃气在相邻地下空间内的泄漏扩散规律

为探究相邻地下空间中存在甲烷气体时其扩散规律,本节搭建了L形联通空间实验管道系统,尺寸为 8 m×4 m,在文献调研基础上开展了一系列全尺寸实验,并对联通空间内可燃气体的扩散规律进行了分析总结。

3.3.1　实验方法

1.实验设计

(1)工况设计。

燃气泄漏扩散到相邻联通空间以后,影响燃气泄漏的主要因素有泄漏量、联通空间内水流情况等,因此本节实验设置了包括甲烷气体泄漏流量、水流流量、水流水位高度、水流方向在内的多种变量。

国内外燃气泄漏事故案例统计结果表明,一般泄漏流量为 $0 \sim 0.2$ m³/h,因此,为研究不同燃气泄漏流量条件下联通空间内甲烷气体的体积分数分布及扩散规律,本节实验设置了 3 挡甲烷气体泄漏流量,分别为 3 L/min、1 L/min、0.6 L/min。

综合考虑实验的可操作性及实验现有允许条件,本节实验设置了 3 挡水流流量,分别为 0、10 L/min、25 L/min。

联通空间实验管道内水流水位高度主要影响水面上部气体的流通面积,水位越高,则水面上方气体流通的横截面积越小,此时气体在管道内扩散的空间越小,气体扩散的速率及分布范围也会受到影响,因此本节实验设置了 2 挡水流水位高度,分别为 5.5 cm 和 15 cm。

联通空间实验管道内水流的流向与管道内气体的流向的关系有两种可能:当上游气体体积分数高于下游气体体积分数时,气体会在体积分数梯度作用下从上游向下游扩散,这种情况下水流的流向就与气体的流向相同;反之,当下游气体体积分数高于上游气体体积分数时,气体会在体积分数梯度作用下从下游向上游扩散,这种情况下水流的流向就与气体的流向相反。因此,本节实验设计了两种水流方向,即在气体泄漏口位置不发生改变的条件下,第一种水流方向是从泄漏口向联通空间另一端流去,第二种水流方向是从联通空间另一端向泄漏口流来。

(2) 场景设计。

整个实验场地按照功能可分为 4 个区域,分别是实验准备区、配气充气区、水循环区和数据采集区域。图 3.1 为甲烷气体泄漏扩散实验系统结构图。

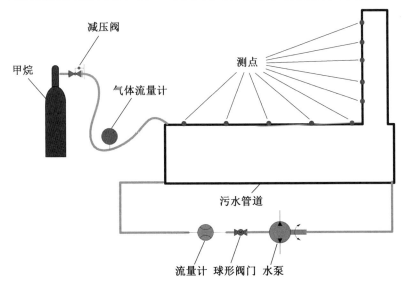

图 3.1　甲烷气体泄漏扩散实验系统结构图

2.实验设备及系统

本节实验目的是模拟联通空间内气体的扩散,实验主体部分设计为两根相连接的横管与立管,横管长为 8 m,内径为 400 mm,外径为 470 mm,竖直立管是一根直径为 160 mm、长度为 4 m 的 PVC 圆管。在实验管道系统上利用钻机打11 个孔,进气口处孔直径为 10 mm,其余检测孔直径为 6 mm。实验系统测点相对位置关系如图 3.2 所示(单位:mm)。

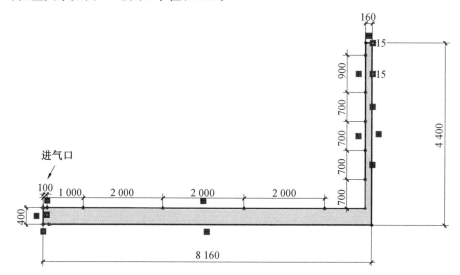

图 3.2　实验系统测点相对位置关系

现场实验管道系统如图 3.3 所示。

(a) 轴线方向　　　　　　　　　(b) 管道径向

图 3.3　现场实验管道系统

　　为保证实验过程中能观察到管道内的实际情况,将一块透明玻璃用玻璃胶粘在联通空间横管的开口端,同时为了记录联通空间横管内水流水位高度,在透明玻璃的中间位置垂直粘上一刻度标尺,刻度标尺精度达到 0.1 cm,其效果图如图 3.4 所示。

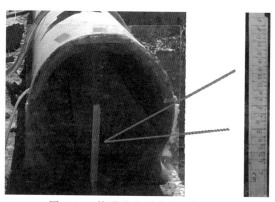

图 3.4　　管道端头刻度标尺效果图

（1）实验设备。

　　本节实验的气体监测系统一共采用 10 台甲烷气体体积分数监测仪,10 台监测仪性能参数相同,分别用 1 ～ 10 进行标记。

　　该监测仪所能监测的甲烷气体体积分数范围为 0 ～ 20.2 %,分辨率为 0.01 %。本节实验过程中将监测仪固定在联通空间布设的监测点上,实验开始前需要使甲烷气体体积分数监测仪进入工作状态。甲烷气体体积分数监测仪如图 3.5 所示。

图 3.5　　甲烷气体体积分数监测仪

（2）配气系统。

本节实验的配气系统包括气瓶、减压阀、充气软管、气体流量计等设备，充装有纯度为 99.9％ 的甲烷的气瓶与其配套的减压阀相连，再通过软管连接气体流量计，将气体流量计引出的软管从实验管道的小孔插入实验管道内。配气系统设备连接方式如图 3.6 所示。

图 3.6　配气系统设备连接方式

（3）水循环系统。

本节实验的水循环系统包括内外两部分，内循环系统是指联通空间底部的水流，外循环系统包括塑料软管、自吸式清水泵和涡轮流量计。本节实验所选用的自吸式清水泵为 ZDB－118 型号，其连接方式如图 3.7 所示。

图 3.7　自吸式清水泵连接方式

本节实验选用 LWGY 型涡轮流量计，该流量计的量程为 $1 \sim 10 \ \mathrm{m^3/h}$，本节实验选用的流量显示仪的精度为 0.001 L/min。涡轮流量计如图 3.8 所示。

图 3.8　涡轮流量计

3.实验步骤

（1）实验前检查系统气密性，检查数据分析软件以确保网络连接正常。

（2）利用水泵向联通空间内抽水，直至管道内水流水位高度达到设计工况的标准。

（3）将甲烷气体体积分数监测仪固定在联通空间管道设计的位置。

（4）调试甲烷气体体积分数监测仪，使其进入全速工作状态（采集气体的频率达到1 次 /5 s）。

（5）准备工作完成后，开始向联通空间内注入稳定流量的气体。

（6）查看采集的气体体积分数数据，同时存盘，随后对数据进行分析。

3.3.2　实验结果与分析

1.实验数据分析

本次实验总共测试了 13 种工况，所有工况的有效数据均已在实验结束后成功提取出来，具体情况见表 3.2。

表 3.2   实验初始工况

参数	工况												
	1	2	3	4	5	6	7	8	9	10	11	12	13
甲烷流量 /(L·min⁻¹)	3.0	1.0	0.6	1.0	3.0	0.6	3.0	1.0	0.6	1.0	1.0	0.6	3.0
水流流量 /(L·min⁻¹)	0	0	0	25	25	25	25	25	25	10	25	25	25
水流水位 高度 /cm	5.5	5.5	5.5	5.5	5.5	5.5	5.5	5.5	5.5	5.5	15	5.5	5.5
水流方向	0	0	0	正	正	正	逆	逆	逆	正	正	正	正
通风条件	封闭	封闭	封闭	封闭	封闭	封闭	封闭	封闭	封闭	封闭	封闭	敞口	敞口

注:水流流量为 0 与水流方向为 0 相互对应,都表示实验管道内水流呈静止状态。

2.甲烷泄漏后其体积分数随泄漏时间的变化

甲烷泄漏后在管道内的体积分数随时间的延长普遍呈现出逐渐增大的变化趋势,停止泄漏后,管道内甲烷气体体积分数呈现出缓慢下降的变化趋势。以工况 1 为例,图 3.9 为实验过程中工况 1 条件下管道内部甲烷气体体积分数随时间的变化。本节实验采用连续充气的方式向管道内充气 30 min,在各个测点甲烷气体体积分数达到爆炸下限之后停止释放甲烷气体。

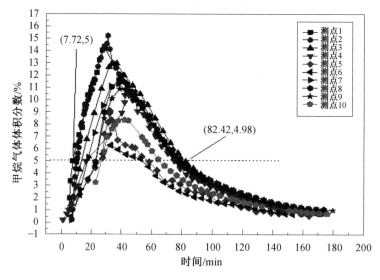

图 3.9   工况 1 条件下管道内部甲烷气体体积分数随时间的变化

由图 3.9 可以看出,从测点 1 到测点 10 甲烷气体体积分数峰值基本呈现出依次递减的规律,最高峰值点甲烷气体体积分数超过了甲烷爆炸上限(15%),最低峰值点甲烷气体体积分数为 6.5%,整个体积分数区间位于爆炸极限范围内的时间为 74.7 min,在停止泄漏后有 44.7 min 维持在爆炸极限范围内。整个过程甲烷气体体积分数上升时间约为 30 min,下降时间约为 120 min,表明甲烷气体体积分数上升平均速率约是下降平均速率的 4 倍。

3.甲烷气体泄漏流量大小对甲烷气体扩散的影响

本节实验分析时参考合肥市城市生命线甲烷气体体积分数划分标准将甲烷气体体积分数报警级别进行了划分:规定甲烷气体体积分数三级报警线为 1%,二级报警线为 2%,一级报警线为 3%。

工况 1、工况 2、工况 3(静态水流)时不同报警级别报警时间随测点的变化如图 3.10 所示。这三种工况中实验管道内水流均为静止状态,水流水位高度均为 5.5 cm,甲烷气体泄漏流量分别为 3.0 L/min、1.0 L/min、0.6 L/min。从实验数据看,工况 1、工况 2、工况 3 条件下的各报警级别报警时间依次延长,工况 2 条件下的各报警级别报警时间比工况 1 整体延长 70%,工况 3 条件下的各报警级别报警时间比工况 1 整体上延长 84.2%,甲烷气体泄漏流量比工况 2 整体延长 47.4%。

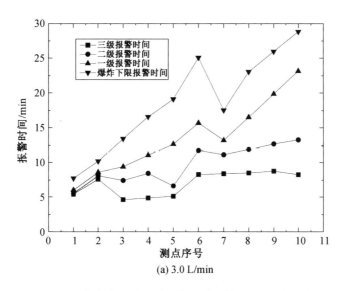

(a) 3.0 L/min

图 3.10 静态水流时不同报警级别报警时间随测点的变化

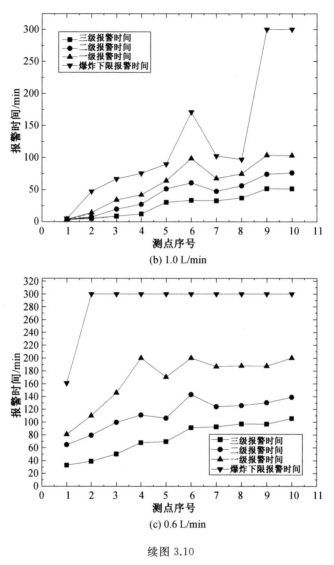

(b) 1.0 L/min

(c) 0.6 L/min

续图 3.10

　　工况 5、工况 4、工况 6(水流方向正向)时不同报警级别报警时间随测点的变化如图 3.11 所示。这三种工况中实验管道内水流流向均为正向,水流水位高度保持在 5.5 cm,甲烷气体泄漏流量分别为 3.0 L/min、1.0 L/min、0.6 L/min。从实验数据看,工况 5、工况 4、工况 6 条件下的各报警级别报警时间依次延长,工况 4 条件下的各报警级别报警时间比工况 5 整体延长 71.4%,工况 6 条件下的各报警级别报警时间比工况 5 整体延长 84.04%,比工况 4 整体延长 44.1%。

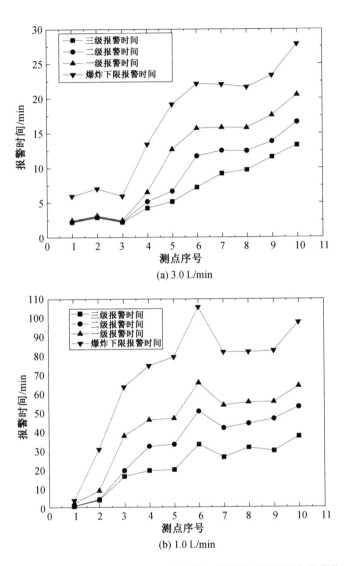

(a) 3.0 L/min

(b) 1.0 L/min

图 3.11　水流方向正向时不同报警级别报警时间随测点的变化

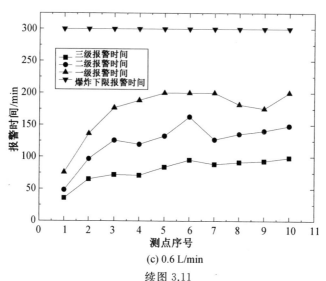

(c) 0.6 L/min

续图 3.11

　　工况 7、工况 8、工况 9(水流方向逆向)时不同报警级别报警时间随测点的变化如图 3.12 所示。这三种工况中实验管道内水流流向均为逆向，水流水位高度保持在 5.5 cm，甲烷气体泄漏流量分别为 3.0 L/min、1.0 L/min、0.6 L/min。从实验数据看，工况 7、工况 8、工况 9 条件下的各报警级别报警时间依次延长，工况 8 条件下的各报警级别报警时间比工况 7 整体延长 67.4%，工况 9 条件下的各报警级别报警时间比工况 7 整体延长 84.04%，比工况 8 整体延长 44.1%。

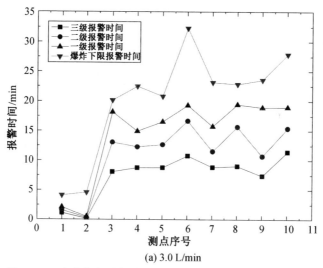

(a) 3.0 L/min

图 3.12　水流方向逆向时不同报警级别报警时间随测点的变化

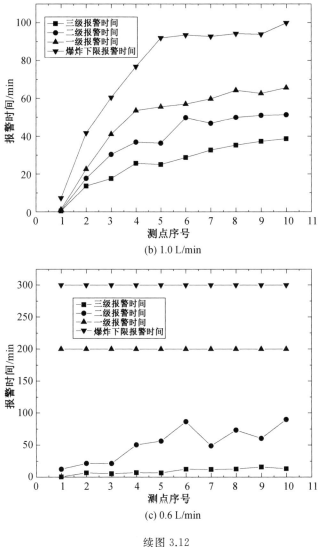

(b) 1.0 L/min

(c) 0.6 L/min

续图 3.12

对不同水流状态各工况条件下的实验结果进行对比分析,可以发现在保持其他参数一致的条件下,在静水水流、正向水流、逆向水流场景下各自改变甲烷气体泄漏流量所得数据呈现的规律一致。在 3 种水流状态下甲烷气体泄漏流量为 3.0 L/min 时体积分数上升最快,报警时间最短,甲烷气体泄漏流量为 1.0 L/min 时次之,甲烷气体泄漏流量为 0.6 L/min 时体积分数上升最慢,即随着进口处甲烷气体泄漏流量的逐渐加大,整体报警时间迅速减少,各个测点达到各个报警级别的报警时间也同样减少。这主要是因为气体在管道这类半封闭空间中的运移是靠气体体积分数梯度驱动,理论上甲烷气体体积分数梯度越大,其在管道内扩散速度越快。观察上述曲线,可以看出曲线前段的斜率较后段更大,即随着与进气口距离的加大,管道内甲烷气体的扩散速度逐渐减慢。这是因为甲烷气体从进气口进入管道内在管道内引起射流,由于周边甲烷气体体积分数为0,因此在体积分数梯度作用下进口处甲烷气体迅速向前方扩散,随着扩散的持续,沿着进气口向气体扩散的方向体积分数梯度越来越小,造成前方测点处甲烷气体体积分数梯度大,扩散速度快,后方测点处甲烷气体体积分数梯度小,扩散速度慢,从而使得曲线的斜率前后出现差异。故在燃气泄漏事故溯源过程中,可以在预判泄漏点附近进行体积分数检测,随着体积分数的增大,逐渐定位到泄漏点。因此,本节实验结果为燃气泄漏事故溯源提供了可靠的实验依据。

4.水流方向对甲烷气体扩散的影响

工况4、工况8的不同报警级别报警时间随测点的变化分别如图3.11(b)和图3.12(b)所示。这两种工况中管道内水流水位高度均保持在5.5 cm,水流流量均为25 L/min,甲烷气体泄漏流量均为1.0 L/min,仅水流方向相反。从实验数据看,工况4条件下的各报警级别报警时间整体比工况8缩短了6.89%。

工况5、工况7的不同报警级别报警时间随测点的变化分别如图3.11(a)和图3.12(a)所示。这两种工况中管道内水流水位高度均保持在5.5 cm,水流流量均为25 L/min,甲烷泄漏流量均为3.0 L/min,仅水流方向相反。从实验数据看,工况5条件下的各报警级别报警时间整体比工况7缩短了16.74%。

工况6、工况9的不同报警级别报警时间随测点的变化如图3.11(c)和图3.12(c)所示。这两种工况中管道内水流水位高度均保持在5.5 cm,水流流量均为25 L/min,甲烷泄漏流量均为0.6 L/min,仅水流方向相反。从实验数据看,工况9条件下所有测点甲烷气体体积分数均未达到一级报警级别,工况6条件下大多数测点甲烷气体体积分数均已达到一级报警级别。

上述实验现象表明,在保持其他参数一致的情况下,在甲烷气体以高泄漏流量泄漏时,水流方向对甲烷气体在管道内的扩散运动具有一定的影响。在甲烷气体以低泄漏流量泄漏时,水流流向为正向时的气体扩散速度明显快于水流流向为逆向时的气体扩散速度,并且随着甲烷气体泄漏流量的减小,正向水流和逆向水流条件下甲烷气体在管道内的扩散速度明显减小,达到各报警级别的时间会相应延长。这是因为水流在运动过程中会与近水面处的空气产生剪切力,从而影响水面上方气体的运动,由于分子间的相互作用,最终影响到最上方甲烷气体的扩散运动。水流正向流动时剪切作用的作用力方向与甲烷气体的扩散运动方向相同,对气体运动起到推进作用,水流逆向流动时剪切作用的作用力方向与甲烷气体的扩散运动方向相反,对气体运动起到阻碍作用,因此正向水流条件下的甲烷气体扩散速度快于逆向水流条件下的甲烷气体扩散速度。随着不同工况进气口的甲烷气体泄漏流量的减小,甲烷气体在管道内泄漏时形成的体积分数梯度相应减小,致使扩散运动的驱动力也随之减小,因此随着进气口甲烷气体泄漏流量的减小,甲烷气体在管道内的扩散速度减小。

5.水流流量对甲烷气体扩散的影响

工况 4、工况 10(不同水流流量)不同报警级别报警时间随测点的变化如图 3.13 所示。这两种工况中管道内水流水位高度均保持在 5.5 cm,水流方向相同,甲烷泄漏流量均为 1.0 L/min,不同的是工况 4 水流流量为 25 L/min,工况 10 水流流量为 10 L/min。从实验数据看,工况 10 条件下的各报警级别报警时间比工况 4 整体延长 63.9%。

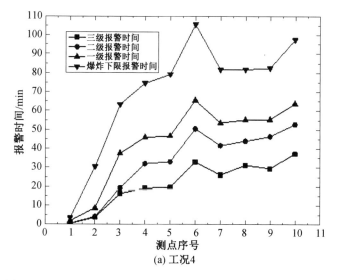

图 3.13　不同水流流量下不同报警级别报警时间随测点的变化

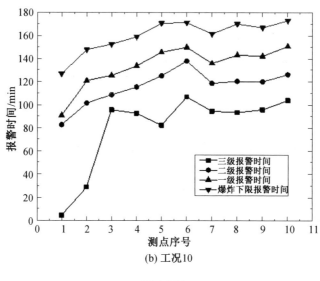

(b) 工况10

续图 3.13

通过图 3.13 可以发现,在保持其他参数一致的条件下,随着水流流量减小,管道内甲烷气体的扩散速度也相应减小。这是因为在其他参数一致条件下,每一种工况下单位时间内流入和流出管道的水流总体积相同,同时实验中水流水位高度一致,确保了水流流通的截面积相同,因此管道内水流流量越小,水流的平均流动速度越小。而管道内水流层流流动过程中,符合牛顿内摩擦定律 $F = \mu(\mathrm{d}u/\mathrm{d}y)A$,速度从近壁面向水面处呈现均匀的速度分布,即贴近空气层的水面水流速度最大,是水流平均速度的两倍,因此水流的平均流动速度越小,贴近空气层的水面水流速度越小。在前文中已经分析了水流流动过程中通过剪切作用会影响到上层气体的运动。当水流流量减小时,水流速度相应减小,因而对上层气体的剪切影响作用也相应减弱。

6.水流水位高度对甲烷气体扩散的影响

工况 4、工况 11(不同水流水位高度)下不同报警级别报警时间随测点的变化关系如图 3.14 所示。这两种工况中管道内水流方向相同,水流流量均为 25 L/min,甲烷泄漏流量均为 1.0 L/min,不同的是工况 4 水流水位高度为 5.5 cm,工况 11 水流水位高度为 15 cm。从实验数据看,工况 4 条件下的各报警级别报警时间比工况 11 整体缩短 61.82%。

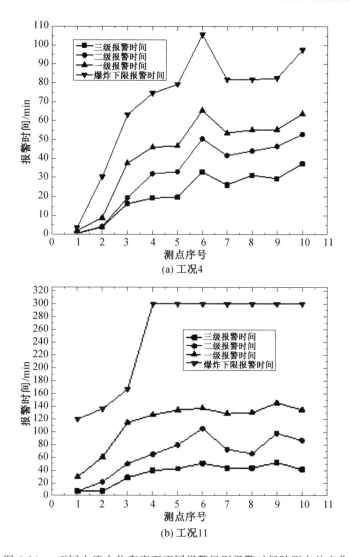

图 3.14　不同水流水位高度下不同报警级别报警时间随测点的变化

由图 3.14 可以发现,在保持其他参数一致条件下,随着管道内水流水位高度增大,各测点达到各个报警级别的时间逐渐延长,且延长效果十分明显。这是因为当管道内存在运动的水流时,当水流向前运动时,会在剪切作用下带动近水面气体向前一起运动,近水面气体向前运动后,近水面处压力减小,因此上方空气会在压力作用下向下运动,从而间接使得紧贴管道上壁面的甲烷气体向前运动时受到空气的阻力,造成甲烷气体向前扩散速度减慢。当增大管道内水流水位高度后,管道内水面上方空气势必减少,且空气与水流的接触面增大,因此水流对管道内近水面空气的带动作用更加明显,也会使得上部甲烷气体运动减缓更加剧烈。上述结果对燃气管网泄漏扩散事故的指导意义在于:当联通空间内检测到可燃气体存在时,可以通过控制管道内部的水流水位高度控制管道内可燃气体的扩散速度,以减缓可燃气体的扩散,从而减小气体扩散的范围,将潜在危险区域降低到最小,或者加速人员密集区可燃气体的扩散,并且集中处理掉,以减小可燃气体泄漏的危害。

7.通风对甲烷气体扩散的影响

工况 5、工况 13(不同通风条件)下不同报警级别报警时间随测点的变化如图 3.15 所示。这两种工况中管道内水流方向相同,水流水位高度均为 5.5 cm,水流流量均为 25 L/min,甲烷泄漏流量均为 3.0 L/min,其中工况 5 保持封闭,工况 13 管道进口处敞口。从实验数据看,工况 5 条件下所有测点体积分数均已达到爆炸下限报警体积分数,并且达到各报警级别的时间较快,时间分布在 2 ～ 28 min 范围内,而工况 13 除达到三级报警级别外,多数测点体积分数未达到二级、一级报警级别,而且报警时间分布区间较大,甲烷气体体积分数上升速率明显大幅度小于工况 5。

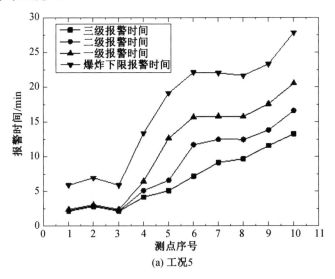

(a) 工况5

图 3.15　不同通风条件下不同报警级别报警时间随测点的变化

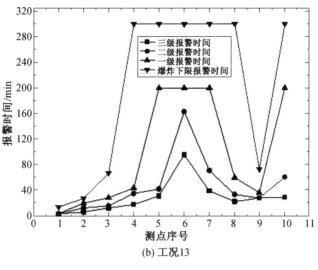

(b) 工况13

续图 3.15

工况 6 的不同报警级别报警时间随测点的变化如图 3.11(c) 所示,由于工况 12 所有监测点位均未检测到甲烷气体体积分数达到三级报警级别,因此未能作图。这两种工况中管道内水流方向相同,水流水位高度均为 5.5 cm,水流流量均为 25 L/min,甲烷泄漏流量均为 0.6 L/min,其中工况 6 保持封闭,工况 12 管道进口处敞口。从实验数据看,工况 6 所有测点甲烷气体体积分数均已达到二级报警级别,大多数测点甲烷气体体积分数达到了一级报警级别,工况 12 所有测点均未检测到达到报警级别的甲烷气体体积分数,表明工况 6 条件下甲烷气体体积分数上升速率较工况 12 更快,潜在隐患更大。

对比分析不同通风条件下甲烷气体在管道内扩散的实验结果,可以发现在其他参数保持一致时,管道通风条件下甲烷气体在管道内的扩散速度越快,管道内各个区域气体不易积聚,甲烷气体体积分数上升越缓慢,在管道内各个区域越难以达到报警级别。这是因为通风过程中风流加速了管道内甲烷气体的流动,使得甲烷气体在管道内每个点位的停滞时间较封闭条件下大大缩短,从而导致甲烷气体在管道内部不易积聚,无法在有限时间内达到甲烷气体体积分数报警级别,降低了甲烷气体扩散的潜在危险。

8.甲烷气体体积分数达到爆炸下限所需时间与测点至泄漏点距离的关系

(1)甲烷气体发生泄漏后,在管道水平方向发生扩散,为探究水平方向测点甲烷气体体积分数达到爆炸下限的时间与测点至泄漏点距离的关系,对实验数据进行非线性拟合,如图 3.16 所示。

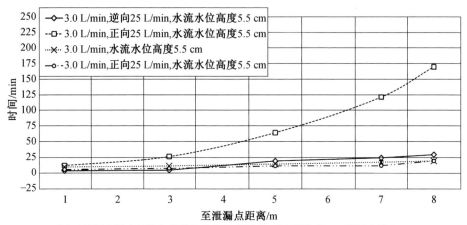

(a) 不同至泄漏点距离甲烷气体体积分数达到爆炸下限所需时间（泄漏流量为3.0 L/min）

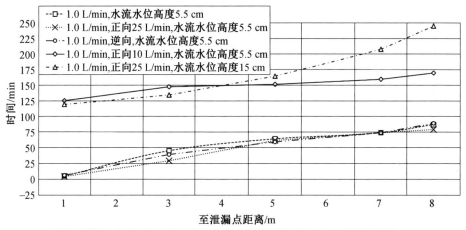

(b) 不同至泄漏点距离甲烷气体体积分数达到爆炸下限所需时间（泄漏流量为1.0 L/min）

图 3.16　水平方向测点甲烷气体体积分数达到爆炸下限所需时间与测点至泄漏点距离的
　　　　关系

　　根据实验数据拟合结果分析可以得到:甲烷气体体积分数在管道内水平方
向达到爆炸下限的时间随着至泄漏点距离的增大而延长,二者呈现近似幂指数
函数关系。其中,敞口条件下在水平方向甲烷气体体积分数达到爆炸下限所需
时间明显较长,这是敞口时气体流通快速、不易积聚所致;甲烷气体体积分数达
到爆炸下限所需时间随着水流水位高度的增大而延长。

　　(2) 甲烷气体发生泄漏后,在竖直方向同样发生扩散,为探究竖直方向测点甲烷气体体积分数达到爆炸下限的时间与测点至泄漏点距离关系,对实验数据进行非线性拟合,如图 3.17 所示。

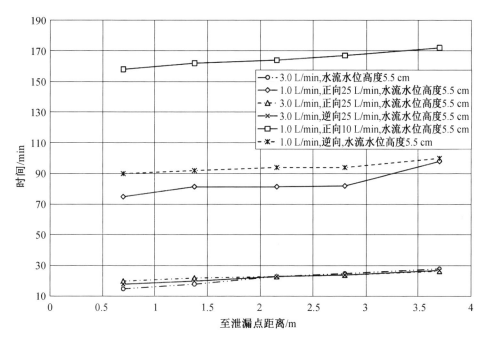

图 3.17   竖直方向测点甲烷气体体积分数达到爆炸下限所需时间与测点至泄漏点距离的关系

对图 3.17 中曲线分析可知,甲烷气体体积分数在管道内竖直方向达到爆炸下限的时间随着至泄漏点距离的增大而延长,二者呈现近似幂指数函数关系。其中,水流流量、甲烷气体泄漏流量、水流方向等因素对甲烷气体体积分数在竖直方向达到爆炸下限的时间影响显著。甲烷气体泄漏流量越大,达到甲烷气体体积分数爆炸下限所需时间越少;管道内水流流量越小,甲烷气体体积分数达到爆炸下限所需时间越长;正向水流较逆向水流条件下测点甲烷气体体积分数达到爆炸下限所需时间更短。

3.3.3   实验结论

本节通过全尺寸实验的形式研究了甲烷泄漏扩散事故,得到了事故发生后不同工况下的 10 个测点甲烷气体体积分数数据,通过分析不同测点甲烷气体体积分数达到报警级别的时间随测点变化的规律,对比不同工况下甲烷气体体积分数达到各报警级别的时间快慢,从而研究民用建筑联通空间内甲烷气体泄漏流量大小、水流方向、水流流量、水流水位高度及通风条件等对甲烷气体泄漏事故后果的影响规律。本节所得结论为揭示可燃气体在联通空间中的扩散规律、科学有效地预防燃气泄漏事故提供了一定的科学依据,同时对于当前智慧城市中联通空间的气体监测工程有很高的指导价值,尤其对于监测点位的布设可以起到很好的参考作用。鉴于存在液化气在厨房泄漏后扩散到室外引起的燃爆事故,同时近年来发生多起不法商贩向排水管道中倾倒液化气残渣引起燃爆事故等,研究人员后期计划重点研究液化气在联通空间中的扩散规律。

本节结论如下:

(1)在 8 m×4 m 的联通空间内,甲烷气体的扩散速度随着泄漏流量的增大而增大。在管道内不同水流流态下,管道内甲烷气体扩散速度均随着进气口的甲烷气体泄漏流量增大而加快,各测点甲烷气体体积分数达到报警级别相应的时间逐渐缩短,致使联通空间内的风险系数增加。此外,随着与进气口距离的加大,管道内甲烷气体的扩散速度逐渐减慢,甲烷气体体积分数达到报警级别相应的时间逐渐延长。

(2)甲烷气体在管道内的扩散运动会因水流方向的不同而受影响。当甲烷气体在管道内的扩散方向与水流方向相同时,水流会推进甲烷气体向前运动,使得气体扩散速度加快;当甲烷气体在管道内的扩散方向与水流方向相反时,水流会阻碍甲烷气体向前运动,使得气体扩散速度减慢。

(3)甲烷气体在联通空间内的扩散运动受到水流剪切作用的影响,随着正向水流流量的增大,水流流速相应增大,管道上方的甲烷气体的扩散运动速度加快,甲烷气体体积分数达到各报警级别相应的时间逐渐减少。

(4)随着管道内水流水位高度从 5.5 cm 增加到 15 cm,甲烷气体在联通空间内扩散运动的速度也相应减小,并且影响效果十分明显,水流水位高度 5.5 cm 条件下的整体报警时间比 15 cm 时缩短 61.82%。因此,在可燃气体泄漏事故的处置过程中,也可以通过控制水流水位高度来控制管道内气体的扩散速度。此结论可为应急救援提供科学的指导。

(5)甲烷气体在管道内的扩散运动会受到通风条件的影响。管道通风条件下甲烷气体扩散速度明显快于管道封闭条件下,管道保持通风有利于甲烷气体的疏散,可避免甲烷气体体积分数有限时间内的积聚,对于可燃气体在管道类半封闭空间中泄漏事故的处置具有实际参考意义。

第4章 直埋燃气管网泄漏扩散数值模拟

4.1 直埋燃气管网泄漏扩散模型建立与求解

4.1.1 物理模型

直埋燃气管道发生小孔泄漏后燃气在土壤中的泄漏扩散会受到很多因素的影响。本章研究主要考虑的是中低压直埋燃气管道小孔泄漏过程,研究小孔泄漏后燃气在土壤中的泄漏扩散规律及不同因素对燃气在土壤中的泄漏扩散规律的影响。考虑土壤覆盖面为水泥,燃气在水泥地面处无法逸出,忽略燃气周围其他管道对燃气在土壤中泄漏扩散的影响,直埋燃气管网泄漏扩散过程简图如图4.1所示。

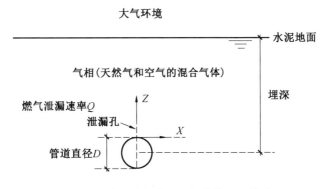

图 4.1 直埋燃气管网泄漏扩散过程简图

本物理模型建立在长度、宽度和高度分别为 4 m、4 m、2.5 m 的土壤区域中,管道长度设定为 4 m。参照《城镇燃气设计规范(2020年版)》(GB 50028—2006)中对于管道压力、直径及埋深的相关规定,设置管道直径为 DN100,考虑0.4 MPa、0.3 MPa、0.2 MPa 三种管道压力等级,考虑 1.5 m、1.1 m、0.7 m 三种管道埋深。由于小孔泄漏在实际直埋燃气管网泄漏事故中发生的比例最高,且不易被发现,本章只考虑小孔泄漏的情况,取 5 mm、10 mm、15 mm 三种孔径的泄漏孔。泄漏孔位于管道中间,泄漏孔的朝向分别为向上、向下及侧向。直埋燃气管网泄漏扩散物理模型如图 4.2 所示。直埋燃气管网泄漏孔局部放大图如图 4.3 所示。燃气在土壤中泄漏扩散数值模拟研究的各个工况见表 4.1。

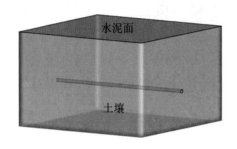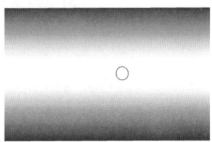

图 4.2　直埋燃气管网泄漏扩散物理模型　图 4.3　直埋燃气管网泄漏孔局部放大图

表 4.1　燃气在土壤中泄漏扩散数值模拟研究的各个工况

工况	压力/MPa	埋深/m	土壤类型	孔径/mm	泄漏朝向	土壤覆盖层
1	0.4	1.5	壤土	10	向上	水泥
2	0.4	1.1	壤土	10	向上	水泥
3	0.4	0.7	壤土	10	向上	水泥
4	0.4	1.5	壤土	5	向上	水泥
5	0.4	1.5	壤土	15	向上	水泥
6	0.4	1.5	壤土	10	向下	水泥
7	0.4	1.5	壤土	10	侧向	水泥
8	0.2	1.5	壤土	10	向上	水泥
9	0.3	1.5	壤土	10	向上	水泥
10	0.4	1.5	黏土	10	向上	水泥
11	0.4	1.5	粉质砂土	10	向上	水泥

　　鉴于直埋燃气管道发生小孔泄漏后燃气在土壤中的泄漏扩散过程相对复杂,在建立直埋燃气管网泄漏扩散数学模型之前,对直埋燃气管网泄漏扩散过程进行以下简化。

　　(1)土壤介质条件设为各向同性的均质条件,土壤的空间结构在传质过程中不改变,即土壤孔隙率和渗透率维持不变。

(2) 应用多孔介质模型代替真实的土壤,假设土壤的孔隙中充满空气。

(3) 不考虑燃气与土壤之间的热效应,即不考虑传热过程,仅考虑传质过程。

(4) 假设土壤孔隙中的水分不发生运移,不考虑水分的变化。

4.1.2　数学模型

燃气在土壤中的泄漏扩散过程遵循守恒定律,本章将考虑三大守恒定律对应的方程与气体状态方程等。

(1) 连续方程(质量守恒方程)。

燃气在土壤中扩散需要考虑孔隙率 ε 的影响:

$$\frac{\partial(\rho\varepsilon)}{\partial t} + \nabla \cdot (\rho v_i) = 0 \tag{4.1.1}$$

式中,v_i 为速度 v 在 x、y、z 三个方向上的分量,m/s;ρ 为密度,kg/m³;ε 为土壤的孔隙率。

(2) 运动方程(动量守恒方程)。

燃气在土壤中扩散增加动量源项 S_i:

$$\varepsilon\rho\,\frac{\partial v_i}{\partial t} + \frac{\rho}{\varepsilon^2}(v_i \cdot \nabla)\,v_i = -\nabla p + \frac{\mu}{\varepsilon}\,\nabla^2 v_i + \varepsilon\rho g + S_i \tag{4.1.2}$$

动量源项包括黏性损失项和惯性损失项:

$$S_i = -\left(\sum_{j=1}^{3} D_{ij}\mu v_j + \sum_{j=1}^{3} C_{ij}\,\frac{1}{2}\rho\,|\,v\,|\,v_j\right) \tag{4.1.3}$$

式中,$|\,v\,|$ 为速度的大小;D_{ij} 为黏性阻力系数;C_{ij} 为惯性阻力系数。

对于简单多孔介质:

$$S_i - -\left(\frac{\mu}{\alpha}v_i + C_2\,\frac{1}{2}\rho\,|\,v\,|\,v_i\right) \tag{4.1.4}$$

式中,α 为土壤的渗透率;C_2 为惯性阻力系数。

为了确定燃气在土壤中泄漏扩散时的惯性阻力系数和黏性阻力系数,可参考 ANSYS Fluent 帮助文档,ANSYS Fluent 帮助文档提供了五种不同的计算方法。本章采用其中的一种,即引用欧根(Ergum)方程中的参数:

$$\frac{|\Delta p|}{L} = \frac{150\mu}{D_p^2}\,\frac{(1-\varepsilon)^2}{\varepsilon^3}\,v_\infty + \frac{1.75\rho}{D_p}\,\frac{(1-\varepsilon)}{\varepsilon^3}\,v_\infty^2 \tag{4.1.5}$$

式中,μ 为动力黏度系数;D_p 为平均颗粒直径;ε 为孔隙率;$|\Delta p|$ 为压力差的大小。

根据式(4.1.3)、式(4.1.4)及式(4.1.5)可对比得到将土壤视为多孔介质时的黏性阻力系数：

$$\frac{1}{\alpha} = \frac{150}{D_p^2} \frac{(1-\varepsilon)^2}{\varepsilon^3} \tag{4.1.6}$$

此时土壤的惯性阻力系数为

$$C_2 = \frac{3.5}{D_p} \frac{(1-\varepsilon)}{\varepsilon^3} \tag{4.1.7}$$

（3）气体状态方程。

压力低于 1.6 MPa 的燃气，常温下可视为理想气体。燃气与空气满足混合气体状态方程：

$$\rho = \frac{p}{RT} \frac{M_v M_a}{[w M_a + (1-w) M_v]} \tag{4.1.8}$$

式中，M_a 为空气的分子量；M_v 为甲烷的分子量；R 为气体常数，J/(mol·K)；w 为组分的质量分数，%；T 是温度，K。

（4）组分运输方程。

直埋燃气管道发生泄漏后，燃气向土壤介质内进行扩散，与土壤中的空气进行混合，属于多组分混合的组分运输。Fluent 提供了几种组分运输模型，本研究选用 Fluent 组分运输中的通用有限速率模型，选取的流体材料为 methane-air。可用组分运输方程来表述此组分运输过程：

$$\frac{\partial}{\partial t}(\varepsilon \rho C_i) + \nabla \cdot (\rho C_i v_g) = \nabla \cdot (\rho D \nabla C_i) + S_i \tag{4.1.9}$$

式中，ε 为孔隙率；v_g 为燃气在土壤中的扩散速度，m/s；D 为扩散系数。

4.1.3 湍流模型

目前用于数值计算的湍流模型可分为三类：直接数值模拟（Direct Numerical Simulation，DNS），大涡模拟（Large Eddy Simulation，LES）和基于雷诺平均的雷诺平均方程（Reynolds-averaged Navier-Stoke equations，RANS）。DNS 可得到流场的所有信息，计算精度最高，但由于计算机硬件的限制，目前只能应用于少部分低雷诺数的简单流动。LES 直接模拟流体湍流运动时的脉动部分，在流体湍流流场中滤掉小尺度涡旋，仅留下大尺度涡旋，得到满足大尺度涡旋的方程，计算精度比较高，计算较慢，目前仍由于计算机硬件条件的制约，并不能广泛用于工程问题。RANS 即雷诺平均的模式理论，计算精度较前两种差一些，但基本满足工程应用，计算速度较前两种更快，更常用于工程应用。

本章使用分离涡（Detached-Eddy Simulation，DES）模型，该模型结合了 LES 与 RANS 的优点，计算精度大于 RANS 小于 LES，计算速度小于 RANS 大于 LES，也被称为混合 LES / RANS 模型。在 DES 模型中，边界层处使用 RANS 模型，LES 模型用于分离处。DES 模型专门用于解决高雷诺数壁面有界流动，其中近壁解析大涡模拟的成本过高，使用 DES 模型时的计算成本高于 RANS 模型、低于 LES 模型，计算精度介于两者之间。DES 模型又分为三大类模型。本章研究采用 Spalart-Allmaras 模型，收敛效果很好。

4.1.4　控制方程的离散

1.离散方法

目前离散方法有有限体积法、有限差分法和有限元法三类。有限差分法数学概念比较简单，有限元法虽然较复杂但计算精度较高，有限体积法计算精度低于有限元法但高于有限差分法，目前已成为应用最广泛的离散方法。有限体积法将计算域单元划分为非重复的各个控制单元，并对每个待求解控制单元积分，然后得到各个离散方程组。有限体积法适用性较强，适用于结构化或非结构化等网格中，应用较广泛，本章采用有限体积法进行方程的离散。

2.离散格式

目前有限体积法有一阶迎风格式、Power Law、二阶迎风格式、MUSCL、QUICK 等不同的格式。

二阶迎风格式收敛比一阶迎风格式收敛慢，但是数值计算结果比一阶迎风格式精度更高。Power Law 用于低雷诺流动，而 QUICK 在某些模拟计算时不能很好地稳定收敛。MUSCL 在用于非结构网格时局部可达到三阶精度，对于二次流、旋转涡、力等的模拟会更精确。

阶数越高的离散格式，一般计算精度也越高，计算时间也会越长。因此，在选取离散格式时，在能保证计算结果的稳定收敛时，应尽量选取阶数较高的离散格式，来保证计算结果的稳定性收敛与精确度。综上，本章模拟计算时选择二阶迎风格式。

4.1.5　压力插值方法

Fluent 中 主 要 提 供 了 Linear、Second-Order、Body Force Weighted、PRESTO!、Standard 这几种压力插值方法。Standard 为 Fluent 的默认压力插

值方法,但它不适用于大体积力的流动,如强烈旋流、高瑞利数自然对流等。Linear 是一种线性插值格式,它使用相邻单元的平均压力值来计算表面压力。Second-Order 使用二阶精度对流项来重建压缩流的表面压力,它不适用于多孔介质模型、风扇模型、有压力瞬变和 VOF/Mixture。Body Force Weighted 假设压力和体积力之差的梯度是恒定的用来计算表面压力,可较好地计算浮力和轴对称涡流。PRESTO! 可用于强烈旋流,以及压力梯度的突变,例如多孔介质模型、风扇模型等,也可用于具有大曲率面的计算域。

本章中将土壤看成多孔介质区域,压力梯度存在突变,不能对压力采用二阶格式进行插值,因此本章研究对压力采用 PRESTO! 压力插值方法。

4.1.6　控制方程的求解

求解控制方程主要有 SIMPLE 算法、SIMPLEC 算法及 PISO 算法。SIMPLE 算法主要用在层流问题上,SIMPLEC 算法比 SIMPLE 算法计算结果更准确。PISO 算法计算较慢,多用于非稳态问题的求解。本章要模拟计算燃气在土壤中的质量分数随时间的变化,属于瞬时非稳态问题的求解,因此采用PISO 算法。

4.1.7　边界条件设置

1.流体域的设置

在 Fluent 流体域的设置中,将土壤视为多孔介质,流体材料设为 methane-air,勾选 porous zone。在土壤计算域中,主要设置黏性阻力系数、惯性阻力系数和孔隙率这几个参数。本章研究考虑不同土壤类型对燃气在土壤中泄漏扩散的影响,土壤类型考虑粉质砂土、壤土、黏土这三种。土壤部分参数见表4.2。

表 4.2　土壤部分参数

土壤类型	平均颗粒直径 /mm	孔隙率
粉质砂土	$0.5 \sim 1.0$	$0.25 \sim 0.45$
壤土	$0.05 \sim 0.5$	$0.43 \sim 0.54$
黏土	$0.01 \sim 0.05$	$0.3 \sim 0.6$

对于这三种类型的土壤,本研究选取表 4.3 中平均颗粒直径与孔隙率,并将其代入式(4.1.6)及式(4.1.7)以求解燃气在土壤中扩散时的黏性阻力系数和惯性阻力系数。土壤阻力系数计算结果见表 4.3。

表 4.3　土壤阻力系数计算结果

土壤类别	平均颗粒直径 /mm	孔隙率	黏性阻力系数	惯性阻力系数
粉质砂土	0.5	0.25	2.16×10^{10}	3.36×10^5
壤土	0.05	0.43	2.45×10^{11}	5.02×10^5
黏土	0.01	0.3	2.72×10^{13}	9.07×10^6

2. 边界条件

当直埋燃气管道发生小孔泄漏时,由于泄漏孔径较小,可认为小孔泄漏对管道的压力几乎没有影响,可认为管道压力是恒定不变的,并且泄漏孔处的压力等于管道压力。因此,本章采用压力入口边界条件作为泄漏孔的边界条件,将不同的管道压力作为影响因素进行分析,管道压力可分别取为 0.4 MPa、0.3 MPa、0.2 MPa。在压力入口边界条件中将入口甲烷气体组分设定为 1。土壤边界为无约束流动的自由边界,采用压力出口边界条件,压力等于环境压力,即 0 MPa。

本章考虑城市市政管道土壤覆盖面为水泥,燃气在土壤中不能扩散至地面,忽略土壤、燃气与管道之间的换热。边界条件设置见表 4.4。

表 4.4　边界条件设置

边界名称	模型位置	边界条件	设定值
Inlet	泄漏孔	pressure inlet	全压,湍流黏度,燃气组分
Outlet	土壤边界	pressure outlet	全压,组分
Tube	管道壁	wall	无滑移边界,粗糙度
Cover	水泥面	wall	无滑移边界,粗糙度
Soil	土壤	interior	——

3. 初始条件

初始条件的设置对方程残差的收敛很关键。燃气在土壤中泄漏扩散的初始条件为:$t = 0$ 时,土壤中的流体全部为空气,压力为初始大气压。

采用全局初始化方式,利用 patch 选项,将甲烷在流体域内的初始值设为 0,压力设置为 0,温度设置为 288 K。

4.1.8　网格划分与网格独立性验证

在相同的物理模型下,网格划分越多,精度越高,即网格越密集,计算越精确,但计算越慢。既要保证计算的精度,又要保证计算的速度,因此划分网格时通常在重要的边界区域进行加密,在距离边界较远的区域网格划分相对疏一些。

如图 4.4 所示,本章采用结构化网格,在小孔处进行网格加密,管道处进行加密,根据小孔距离由近到远,网格划分的疏密程度由密到疏。根据管道距离由近到远,网格划分的疏密程度也是由密到疏,从而既可保证计算的准确性,又可使计算量不至于太大,计算的速度不会太慢。网格质量如图 4.5 所示。

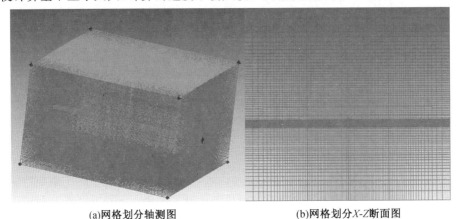

(a)网格划分轴测图 (b)网格划分 X-Z 断面图

图 4.4 网格划分

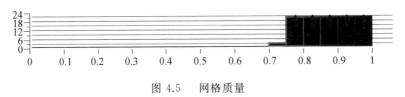

图 4.5 网格质量

划分的网格数量不同,模拟计算结果会有所不同,当网格数量增大到一定数量后,继续增大网格数量对结果的影响比较小时,可以认为网格数量是比较合理的,并且可保证结果的精确性。为了确保数值模拟结果的准确性,需要进行网格无关性验证。本章划分了三种网格数量,分别为 695 871(69 万)、982 488(98 万)、1 277 668(127 万),网格质量都在 0.7 以上。在 Fluent 中进行数值模拟计算,在工况 1 条件下,监测泄漏孔正上方 0.2 m 处点的甲烷气体体积分数变化情况,如图 4.6 所示。由图可知网格数量在 98 万时,监测点的甲烷气体体积分数随时间的变化曲线与网格数量为 127 万时监测点的甲烷气体体积分数随时间的变化曲线很接近,且两者不同时刻监测点的甲烷气体体积分数相对误差都在3%以内。网格数量定为 98 万即可保证数值计算结果的精确性,因此网格数量定为 98 万。

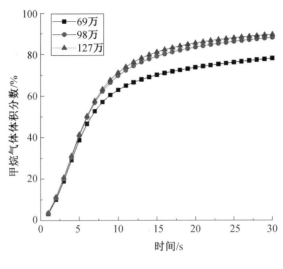

图 4.6　网格独立性验证

4.2　直埋燃气管网泄漏扩散结果分析

选取表 4.1 中的工况 1 进行模拟,即管道压力为 0.4 MPa、埋深为 1.5 m、管径为 100 mm、孔径为 10 mm、泄漏朝向向上、土壤类型为壤土,本书通过分析直埋燃气管网泄漏扩散后土壤中甲烷的速度云图、压力云图、扩散流线、质量分数随时间变化、体积分数随距离变化、质量分数达到爆炸下限所需时间与至泄漏孔距离的关系等的规律,阐述直埋燃气管道在土壤中泄漏扩散的特点。

4.2.1　速度及压力云图分析

本节研究对象为直埋燃气管道,燃气管道发生小孔泄漏后燃气泄漏扩散到土壤环境中,相较于燃气泄漏后直接射流到大气中,受到土壤颗粒的黏性阻力、惯性阻力等,阻力更大。小孔射流进入土壤环境中,流速及压力将大大降低。

1.速度云图分析

$Z-X$、$Z-Y$ 平面不同泄漏时间燃气扩散速度云图如图 4.7 所示。泄漏孔附近速度梯度较大。泄漏孔处的流速约为 5 m/s,距离小孔 0.5 m 处,流速约为

5×10^{-5} m/s,流速下降 5 个数量级。距离泄漏孔 0.5 m 以外区域,燃气在土壤中主要以质量分数差进行分子扩散。整体来说,燃气泄漏后在土壤中的速度下降很快,区别于架空管网泄漏后燃气扩散速度较大,燃气在土壤中的扩散速度很小。泄漏时间从 100 s 到 30 min,速度云图几乎不变,燃气在土壤中的扩散速度随着至泄漏孔距离增大而迅速减小,且扩散速度呈现稳态分布,即扩散速度几乎不随时间变化。

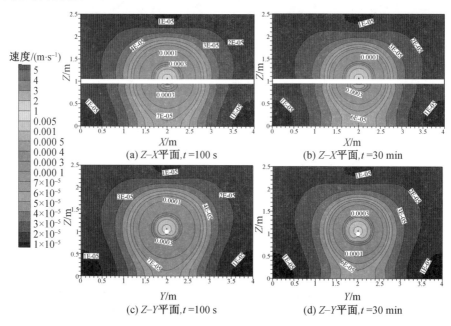

图 4.7 $Z-X$、$Z-Y$ 平面不同泄漏时间燃气扩散速度云图

2.压力云图分析

$Z-X$、$Z-Y$ 平面不同泄漏时间燃气扩散压力云图如图 4.8 所示。与速度云图类似,泄漏孔附近的压力梯度相对较大。泄漏孔处压力约为 50 000 Pa,距离小孔 1 m 处压力约为 50 Pa,压力下降三个数量级。泄漏时间从 100 s 到 60 min,燃气压力云图几乎不变。燃气在土壤中的压力随着至泄漏孔距离增大而减小,且压力呈现稳态分布,即压力几乎不随时间变化。

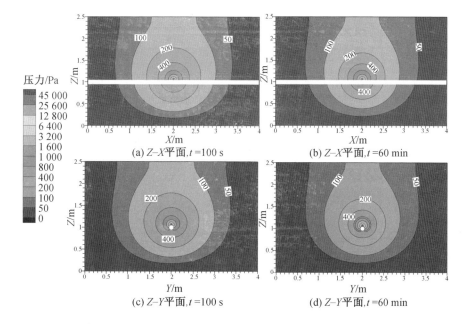

图 4.8　$Z-X$、$Z-Y$ 平面不同泄漏时间燃气扩散压力云图

4.2.2　扩散流线

$Z-X$、$Z-Y$ 平面燃气扩散流线图如图 4.9 所示。燃气从泄漏孔射流而出，以泄漏孔为球心向土壤空间发散延伸，流线均匀稳定。由于地面为水泥，在地面附近流线方向发生改变。土壤边界处的流线方向垂直于土壤边界，在土壤边界处自由出流。

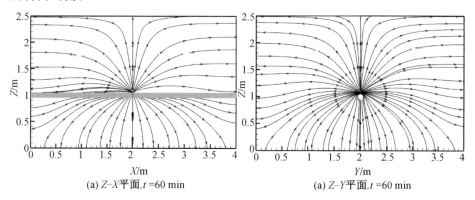

图 4.9　$Z-X$、$Z-Y$ 平面燃气扩散流线图

4.2.3 质量分数随时间变化分析

(1)$Z-Y$平面。

在泄漏孔中心处作$Z-Y$平面,$Z-Y$平面各个时间燃气质量分数云图如图4.10所示。由于把土壤视为各向同性,云图中泄漏孔水平方向两端区域燃气质量分数大致呈对称分布。

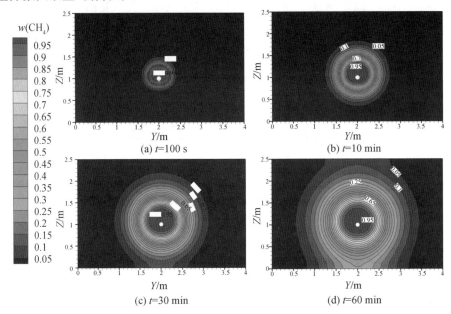

图 4.10 $Z-Y$ 平面各个时间燃气质量分数云图

燃气在土壤中泄漏扩散 100 s 时,土壤中燃气扩散范围较小,泄漏孔附近甲烷气体质量分数达到 0.9。随着燃气在土壤中泄漏扩散时间由 100 s 到 10 min 再到 60 min,燃气不断向土壤中泄漏扩散,甲烷气体质量分数达到 0.9 的高质量分数区域在增大,甲烷气体质量分数低于 0.9 的质量分数区域也在不断增大,说明随着泄漏时间的增大,燃气泄漏扩散影响的区域在不断增大。从泄漏孔附近的高质量分数区域向外延伸等值线由密变疏,说明在泄漏孔附近燃气质量分数梯度比较大,从泄漏孔向外延伸,燃气质量分数衰减由快变慢。

在泄漏孔附近甲烷气体质量分数高,并且在泄漏孔附近垂直方向质量分数的不对称分布较明显,管道上方甲烷气体质量分数大于管道下方甲烷气体质量分数。远离泄漏孔处甲烷以低质量分数分布,比泄漏孔附近更加均匀,远离泄漏孔区域处燃气的垂直方向分布基本对称。这是因为泄漏孔附近由于燃气的压力差、质量分数差都很高,主要是燃气受压力差和质量分数差驱动作用引起的对流传质;而远离泄漏孔处压力及质量分数差异大大减小,燃气扩散的速度大大减小,只有质量分数差引起的分子扩散,呈同心扩散。

(2)$Z-X$ 平面。

在泄漏孔中心处作 $Z-X$ 平面,$Z-X$ 平面各个时间燃气质量分数云图如图 4.11 所示。甲烷属于易燃易爆气体,其爆炸下限为 5%。根据质量分数与体积分数的转化关系,可以算出甲烷 5% 体积分数对应的质量分数为 0.028 33。如图 4.11 所示,泄漏时间为 100 s 时土壤中甲烷气体质量分数达到爆炸下限的爆炸半径约为 0.4 m,泄漏时间为 10 min 时爆炸半径约为 0.75 m,泄漏时间为 30 min 时爆炸半径约为 1.2 m,泄漏时间为 60 min 时爆炸半径约为 1.5 m。这说明随着泄漏时间的增加,甲烷气体质量分数达到爆炸下限的危险区域半径越来越大,爆炸危险影响范围也在不断增大。

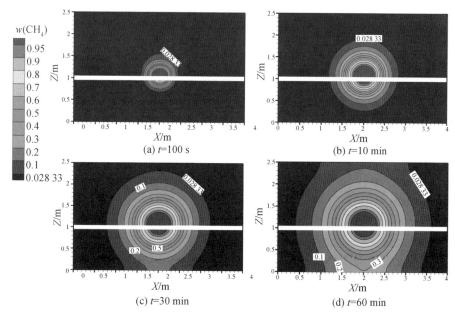

图 4.11　$Z-X$ 平面各个时间燃气质量分数云图

(3)三维切面。

在泄漏孔中心处分别作 $Z-Y$、$Z-X$ 平面,各个时间燃气质量分数三维切面云图如图 4.12 所示。随着泄漏时间的增加,燃气在土壤中的扩散范围增大,燃气影响范围也在增大。泄漏孔附近处,上方的燃气高质量分数区域大于下方的区域,在泄漏孔周围形成了高质量分数区域,质量分数在泄漏孔附近聚集效应明显,危险性加大。

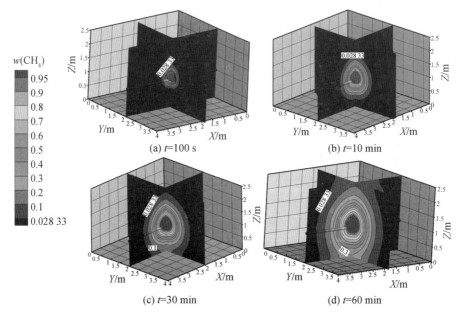

图 4.12　　各个时间燃气质量分数三维切面云图

4.2.4　体积分数随距离变化分析

泄漏扩散时间为 1 h,沿管长方向为横坐标 X,泄漏孔位于 $X=2$ m 处,不同高度处甲烷气体体积分数沿管长方向变化曲线如图 4.13 所示。

$X=2$ m 处的甲烷气体体积分数最高,沿管长方向距泄漏孔距离增加,甲烷气体体积分数下降。甲烷气体体积分数关于泄漏孔位置 $X=2$ 对称分布,甲烷气体体积分数随着至泄漏孔的距离的增加沿管长方向呈高斯分布。在管道上方 0.5 m、下方 0.5 m、上方 1 m 三种不同高度处,沿管长方向甲烷气体体积分数曲线呈现不同形态。管道上方 0.5 m 高度处,甲烷气体体积分数分布更高更瘦,泄漏孔处的甲烷气体体积分数约为 90%;而在管道上方 1 m 处甲烷气体体积分数分布更矮更胖,泄漏孔的甲烷气体体积分数约为 35%;在管道下方 0.5 m 处,高度与胖瘦位于前两者之间,泄漏孔处的甲烷气体体积分数约为 75%。三种不同高度处的甲烷气体体积分数沿管长方向的高斯分布可分别拟合为以下公式。

管道上方 0.5 m:

$$y = 1.24 + 88.76 e^{-\frac{1}{2}\left(\frac{x-2}{0.61}\right)^2} \tag{4.2.1}$$

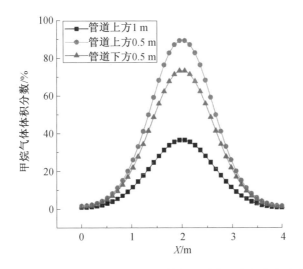

图 4.13　不同高度处甲烷气体体积分数沿管长方向变化曲线

管道下方 0.5 m：

$$y = 0.96 + 72.57 \mathrm{e}^{-\frac{1}{2}\left(\frac{x-2}{0.62}\right)^2} \tag{4.2.2}$$

管道上方 1 m：

$$y = 0.56 + 36 \mathrm{e}^{-\frac{1}{2}\left(\frac{x-2}{0.64}\right)^2} \tag{4.2.3}$$

4.2.5　质量分数达到爆炸下限所需时间与至泄漏孔距离的关系分析

直埋燃气管道发生泄漏扩散后,土壤中的燃气会发生积聚,形成高质量分数范围。随着燃气从小孔中持续不断泄漏,土壤中的燃气不断积聚,当燃气的质量分数达到爆炸下限后,达到着火点后即可发生爆炸。距泄漏孔近的地方达到爆炸下限时间较短,距泄漏孔远的地方达到爆炸下限时间较长,确定出达到爆炸下限所需时间与至泄漏孔距离之间的关系对于漏点检测、安全防范等都至关重要。

在管道正上方 0.5 m 处,甲烷气体质量分数达到爆炸下限所需时间与至泄漏孔横向距离曲线如图 4.14 所示,沿管长方向泄漏孔横向距离 1 m 时,甲烷气体质量分数达到爆炸下限所需时间约为 20 min。作出两者关系散点图,并进行非线性拟合,幂函数拟合效果最好,拟合决定系数为 0.999 26。拟合方程为

$$t = 21.63 x^{2.33} \tag{4.2.4}$$

式中，t 为时间，min；x 为至泄漏孔横向距离，m。

　　土壤中燃气质量分数达到爆炸下限所需时间随着至泄漏孔横向距离的增大而增大，且所需时间的梯度在不断变大，达到爆炸下限的时间与至泄漏孔横向距离之间呈现幂函数增长关系。

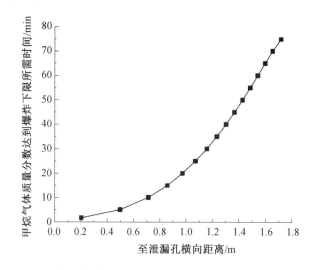

图 4.14　甲烷气体质量分数达到爆炸下限所需时间与至泄漏孔横向
　　　　　距离曲线

4.3　不同因素对直埋燃气管网泄漏扩散影响分析

4.3.1　泄漏孔大小对燃气泄漏扩散的影响分析

　　选取表 4.1 中的工况 1、工况 4、工况 5，即管道压力为 0.4 MPa，埋深为 1.5 m，管径为 100 mm，孔径分别为 10 mm、5 mm、15 mm，泄漏朝向为向上，土壤类型为壤土，土壤覆盖层为水泥。设置压力入口及压力出口等边界条件分别进行数值模拟，分析这三种不同工况下直埋燃气管道发生小孔泄漏后泄漏孔的泄漏量及甲烷气体质量分数云图。

1.泄漏量分析

　　取泄漏时间为 1 h 时的泄漏量进行分析，孔径分别为 5 mm、10 mm、15 mm 时可得出泄漏孔的泄漏量分别为 8.152×10^{-5} kg/s、3.451×10^{-4} kg/s、8.328×10^{-4} kg/s。泄漏孔直径为 10 mm 时的泄漏量约为泄漏孔为 5 mm 时的泄漏量的

4 倍,泄漏孔直径为 15 mm 时的泄漏量约为泄漏孔为 10 mm 时的泄漏量的 2 倍, 说明泄漏孔大小对泄漏量的影响较大。图 4.15 所示为泄漏量随孔径变化曲线, 由图可知孔径越大,泄漏量越大,泄漏量与孔径大致呈幂函数关系增长。

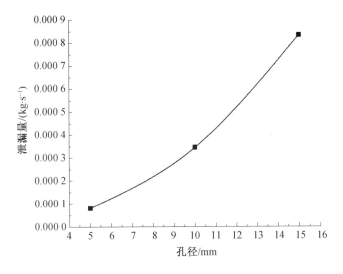

图 4.15　泄漏量随孔径变化曲线

2.甲烷气体质量分数云图分析

甲烷爆炸下限 5% 对应的质量分数为 0.028 33。图 4.16 所示为不同泄漏孔径下甲烷气体质量分数云图。

在泄漏孔中心处作 $Z-X$ 平面,取燃气泄漏时间为 1 h 时的质量分数进行分析。泄漏孔径为 5 mm 时泄漏孔附近质量分数达到 0.9 的高质量分数范围比较小,爆炸半径约为 1 m,危险区域半径较小。泄漏孔径为 10 mm 时泄漏孔附近质量分数达到 0.9 的高质量分数范围增大,爆炸半径约为 1.5 m,危险区域半径增大。泄漏孔径为 15 mm 时泄漏孔附近质量分数达到 0.9 的高质量分数范围继续增大,爆炸半径已超过 2 m,此时计算域内燃气质量分数将近全部达到爆炸下限,危险范围进一步增大。由此可得,泄漏孔孔径对燃气在土壤中扩散的质量分数分布有较大影响,泄漏孔孔径越大,同一时间内土壤中的甲烷气体质量分数越高,甲烷扩散范围越大,危险区域半径越大。

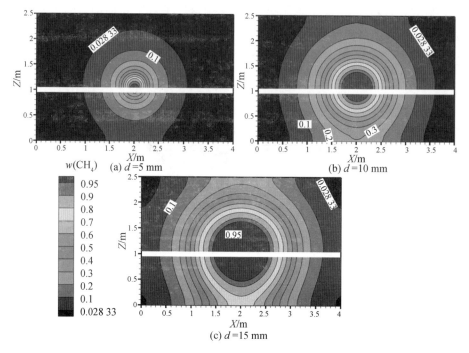

图 4.16　　不同泄漏孔径下甲烷气体质量分数云图

4.3.2　管道埋深对燃气泄漏扩散的影响分析

选取表 4.1 中的工况 1、工况 2、工况 3,即管道压力为 0.4 MPa,埋深分别为 1.5 m、1.1 m、0.7 m,管径为 100 mm,孔径为 10 mm,泄漏朝向为向上,土壤类型为壤土,土壤覆盖层为水泥。设置压力入口及压力出口等边界条件分别进行数值模拟,分析这三种工况下直埋燃气管道发生小孔泄漏后小孔的泄漏量及甲烷气体质量分数云图。

1.泄漏量分析

取泄漏量达到稳定时,泄漏时间为 1 h 时的泄漏量进行分析。燃气管道埋深分别为 1.5 m、1.1 m、0.7 m 时可得泄漏量分别为 3.451×10^{-4} kg/s、2.420×10^{-4} kg/s、3.274×10^{-4} kg/s。管道埋深为 1.1 m 时的泄漏量比管道埋深为 1.5 m 时的泄漏量少 29.8%,管道埋深为 0.7 m 时的泄漏量比管道埋深为 1.5 m 时的泄漏量少 5%。这说明管道埋深为 1.1 m 时泄漏量比管道埋深为 1.5 m 和 0.7 m 的泄漏量更小,危险系数更小。

2.甲烷气体质量分数云图分析

选取燃气泄漏时间为 1 h 时的质量分数进行分析,在泄漏孔中心处作 $Z-X$ 平面。图 4.17 所示为不同管道埋深时甲烷气体质量分数云图。泄漏时间为 1 h,管道埋深分别为 1.5 m、1.1 m、0.7 m 时泄漏孔附近的甲烷均处于高质量分数区域,达到爆炸下限的危险区域半径大约均为 1.5 m。管道埋深越小,土壤上边界的水泥地面附近区域的燃气质量分数越大,土壤下边界的燃气质量分数越小。土壤上边界为水泥地面,埋深为 0.7 m 时上边界聚集各个质量分数梯度燃气,燃气不能通过水泥地面扩散至大气环境中,在水泥地面处的燃气会聚集。总体来说,燃气在不同管道埋深的土壤中的质量分数分布形态有较大区别,同一泄漏时间,燃气的爆炸半径及泄漏扩散范围区别不大。

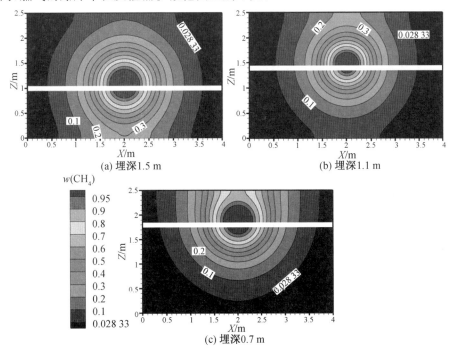

图 4.17　不同管道埋深时的甲烷气体质量分数云图

4.3.3　泄漏朝向对燃气泄漏扩散的影响分析

选取表 4.1 中的工况 1、工况 6、工况 7,即管道压力为 0.4 MPa,埋深为 1.5 m,管径为 100 mm,孔径为 10 mm,泄漏朝向分别为向上、向下、侧向,土壤类型为壤土,土壤覆盖层为水泥。模拟分析这三种不同工况下直埋燃气管道发生小孔泄漏后小孔的泄漏量及甲烷气体质量分数云图。

1.泄漏量分析

取泄漏量达到稳定时,泄漏时间为 1 h 时泄漏孔的泄漏量进行分析。泄漏朝向分别为向上、向下、侧向时可得泄漏量分别为 3.451×10^{-4} kg/s、3.159×10^{-4} kg/s、2.167×10^{-4} kg/s。泄漏朝向为向上时的泄漏量最大,向下次之,侧向最小。泄漏朝向向下时的泄漏量比向上时小 8%,泄漏朝向侧向时的泄漏量比向下时小 31%,说明泄漏朝向为侧向时直埋燃气管网泄漏孔的泄漏量比向上和向下时更小,危险系数更小。

2.甲烷气体质量分数云图分析

图 4.18 所示为不同泄漏朝向时的甲烷气体质量分数云图。

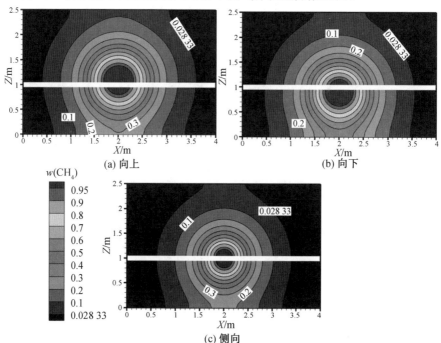

图 4.18　不同泄漏朝向时的甲烷气体质量分数云图

在泄漏孔中心处作 $Z-X$ 平面,选取燃气泄漏时间为 1 h 时的质量分数进行分析。当泄漏朝向为向上时,泄漏孔附近的甲烷气体质量分数较高,在泄漏孔附近管道上方的甲烷气体质量分数大于管道下方的甲烷气体质量分数。当泄漏朝向为向下时,在泄漏孔附近管道下方的甲烷气体质量分数大于管道上方的甲烷气体质量分数。当泄漏朝向为侧向时,在泄漏孔附近甲烷高质量分数区域,管道上下方甲烷气体质量分数基本对称分布。泄漏朝向为向上和向下时的爆炸半径基本一致,爆炸半径大约为 1.5 m,扩散范围相差不大,危险区域相差不大。泄漏朝向为侧向时的爆炸半径比向上、向下时有减小,扩散范围有所减小。总体来说,泄漏朝向对泄漏孔附近区域的燃气质量分数分布有较大影响,对整体的燃气质量分数扩散范围影响不大,对达到爆炸下限的危险区域半径影响不大。

4.3.4　管道压力对燃气泄漏扩散的影响分析

取表 4.1 中的工况 1、工况 8、工况 9,即管道压力分别为 0.4 MPa、0.2 MPa、0.3 MPa,埋深为 1.5 m,管径为 100 mm,孔径为 10 mm,泄漏朝向为向上,土壤类型为壤土,土壤覆盖层为水泥。模拟分析这三种不同工况下直埋燃气管道发生小孔泄漏后泄漏孔的泄漏量及甲烷气体质量分数云图。

1.泄漏量分析

取泄漏时间为 1 h 时泄漏孔的泄漏量进行分析。压力分别为 0.2 MPa、0.3 MPa、0.4 MPa 时可得泄漏量分别为 1.841×10^{-4} kg/s、2.669×10^{-4} kg/s、3.451×10^{-4} kg/s。压力为 0.3 MPa 时的泄漏量是压力为 0.2 MPa 时的泄漏量的 1.4 倍,压力为 0.4 MPa 时的泄漏量是压力为 0.3 MPa 时的泄漏量的 1.3 倍,可得压力对泄漏孔的泄漏量的影响较大。压力越大,燃气泄漏量越大,土壤中甲烷的质量分数就越高。

2.甲烷气体质量分数云图分析

图 4.19 所示为不同管道压力时的甲烷气体质量分数云图。

在泄漏孔中心处作 $Z-X$ 平面,选取燃气泄漏时间为 1 h 时的甲烷气体质量分数进行分析。当管道压力为 0.2 MPa 时,泄漏孔附近高质量分数范围比较小,质量分数达到爆炸下限的半径约为 1.3 m。与管道压力为 0.2 MPa 时相比,管道压力为 0.3 MPa 时泄漏孔附近高质量分数范围增大,质量分数达到爆炸下限的半径约为 1.5 m,危险区域半径增大。当管道压力为 0.4 MPa 时,泄漏孔附近质量分数达到 0.9 的高质量分数范围继续增大,爆炸半径约为 1.6 m,危险区域半径进一步增大。由此可得,管道压力对燃气在土壤中的质量分数分布影响较大。管道压力越大,同一时间内土壤中燃气的扩散范围越大,土壤中甲烷的质量分数越大,达到爆炸下限的危险区域半径越大,危险系数越高。

由此可得,管道压力对燃气在土壤中的泄漏扩散有较大的影响。在同一时间内,管道压力越大,相同位置处各点的燃气质量分数越大,达到爆炸下限的时间越短,危险系数越高。

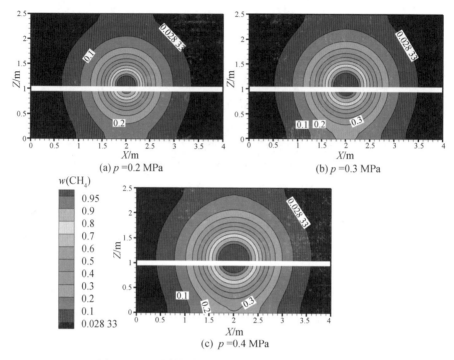

图 4.19　不同管道压力时的甲烷气体质量分数云图

4.3.5　土壤类型对燃气泄漏扩散的影响分析

选取表 4.1 中的工况 1、工况 10、工况 11，即管道压力为 0.4 MPa，埋深为 1.5 m，管径为 100 mm，孔径为 10 mm，泄漏朝向为向上，土壤类型分别为壤土、黏土、粉质砂土，土壤覆盖层为水泥。模拟分析这三种不同工况下扩散速度、泄漏量、甲烷气体质量分数云图。

1.扩散速度分析

泄漏时间为 1 h 时，管道正上方 0.8 m 高度处，不同土壤类型沿管长方向扩散速度如图 4.20 所示。

由图 4.20 可知，燃气在土壤中的扩散速度沿管长方向呈正态分布。粉质砂土在泄漏孔正上方 0.8 m 处的速度约为 2.3×10^{-4} m/s，沿管长方向向左右两边速度开始下降，沿管长方向向左或向右 2 m 时，速度下降至 5×10^{-5} m/s。壤土在泄漏孔正上方 0.8 m 处的速度约为 5.7×10^{-5} m/s，沿管长方向向左或向右 2 m 时，速度下降至 1.5×10^{-5} m/s。黏土在泄漏孔正上方 0.8 m 处的速度约为 4.55×10^{-7} m/s，沿管长方向向左或向右 2 m 时，速度下降至 1.55×10^{-7} m/s。

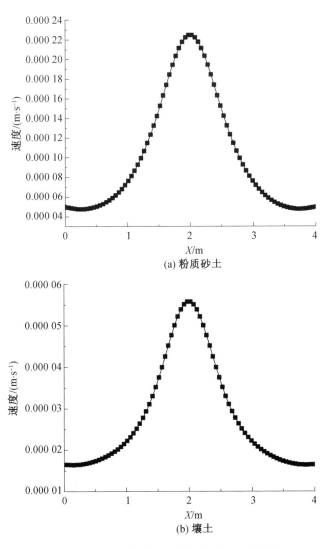

(a) 粉质砂土

(b) 壤土

图 4.20　不同土壤类型沿管长方向扩散速度

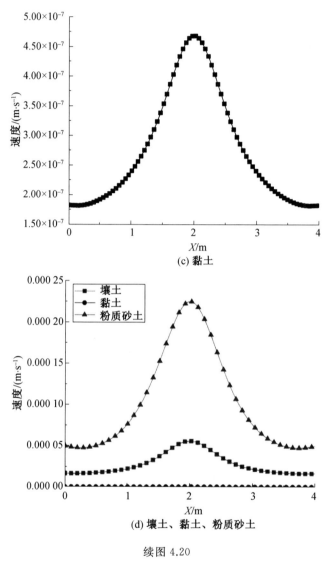

(c) 黏土

(d) 壤土、黏土、粉质砂土

续图 4.20

　　三种土壤对比来看,土壤类型对燃气在土壤中的扩散速度影响较大,燃气在粉质砂土中扩散时阻力最小,扩散速度最快,同一时间燃气达到爆炸下限的危险区域半径最大。燃气在黏土中扩散时阻力最大,扩散速度最慢,同一时间燃气达到爆炸下限的危险区域半径最小。壤土对燃气扩散的阻力介于粉质砂土和黏土之间,燃气扩散速度介于两者之间,达到爆炸下限的危险区域半径也介于两者之间。

2.泄漏量分析

取泄漏量达到稳定时,泄漏时间为 1 h 时的泄漏量进行分析。当土壤类型为粉质砂土、壤土、黏土时,可得泄漏孔的泄漏量分别为 1.045×10^{-3} kg/s、3.451×10^{-4} kg/s、3.825×10^{-6} kg/s。土壤类型为粉质砂土时的泄漏量是壤土时的泄漏量的 3 倍,土壤类型为壤土时的泄漏量是黏土时的泄漏量的 90 倍。由此可得,土壤类型对直埋燃气管网泄漏孔的泄漏量影响较大,土壤类型为粉质砂土时泄漏孔的泄漏量最大,壤土次之,黏土最小,且燃气的泄漏量在这三种土壤之间差值较大。当土壤类型为黏土时,燃气在黏土中扩散时受到的阻力较大,使燃气在泄漏孔附近高度聚集,高质量分数的燃气对泄漏孔产生较大的反作用从而抑制泄漏孔的泄漏量。反之,粉质砂土对燃气的阻力小,燃气在粉质砂土中泄漏量大,同一泄漏时间其危险范围最大。

3.甲烷气体质量分数云图分析

在泄漏孔中心处作 $Z-X$ 平面,选取燃气泄漏时间为 1 h 时的甲烷气体质量分数进行分析。图 4.21 所示为不同土壤类型甲烷气体质量分数云图。

当泄漏时间为 1 h,土壤类型为黏土时泄漏孔附近的质量分数扩散范围较小,爆炸范围也较小,达到爆炸下限的危险区域半径约为 0.3 m。当泄漏时间为 1 h,土壤类型为壤土时,泄漏孔附近的质量分数较大,达到爆炸下限的危险区域半径约为 1.5 m,危险区域半径增大,危险范围也显著增大。当泄漏时间为 1 h,土壤类型为粉质砂土时,泄漏孔附近的质量分数达到 0.8 的高质量分数半径已达到 1 m,距离泄漏孔 2 m 的横向边界处质量分数已达到 0.2,达到爆炸下限的危险区域半径已超 2 m 的计算域范围。

由此可得,土壤类型对燃气在土壤中的质量分数分布有很大的影响,在粉质砂土中的危险性最高,壤土次之,黏土最小。当土壤类型为黏土时,燃气扩散的阻力最大,扩散较慢,达到爆炸下限的危险区域半径较小,危险范围较小。当土壤类型为粉质砂土时,燃气扩散的阻力较小,扩散很快,达到爆炸下限的危险区域半径较大,危险范围显著增大。当土壤类型为壤土时,燃气扩散的阻力介于粉质砂土和黏土之间,达到爆炸下限的危险区域半径和危险范围也介于二者之间。

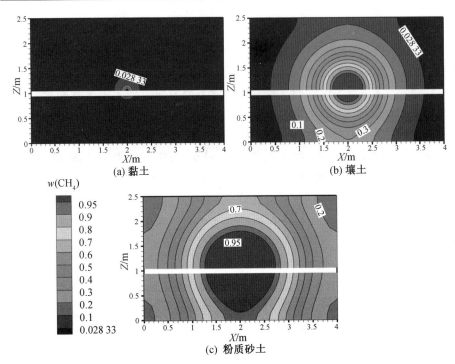

图 4.21　不同土壤类型甲烷气体质量分数云图

4.4　土壤－大气耦合面下直埋燃气管网泄漏扩散模拟

4.4.1　物理模型

　　针对直埋燃气管道小孔泄漏过程,以土壤介质、大气介质为研究对象,考虑土壤－大气耦合作用,研究在无土壤覆盖层时,直埋燃气管道在土壤中泄漏扩散的变化规律。与 4.1 节类似,忽略实际情况中周围其他管道对燃气在土壤中扩散的影响,过程简图如图 4.22 所示。由 4.2.1 小节可知,区别于架空燃气管网,燃气泄漏后直接射流入大气环境中,在土壤中扩散时的速度很小,在快到达土壤覆盖层之前基本以分子扩散的形式进行传质。因此,考虑燃气在土壤－大气耦合面上的大气环境内扩散时,考虑大气空间的物理模型范围不必太大,本节考虑大气环境的计算域高为 2 m。

　　如图 4.23 所示,物理模型建立在以长、宽均为 4 m,高为 2.5 m 的土壤区域和高为 2 m 的大气区域中,管道长度设为 4 m,管道埋深为 1.1 m。考虑小孔泄漏扩散过程,泄漏孔孔径取为 10 mm,泄漏孔位于管道中部,泄漏朝向为向上,土壤类型为壤土。即表 4.1 中的工况 2 条件,土壤覆盖层由水泥改为土壤－大气耦合面,加上高为 2 m 的大气区域。

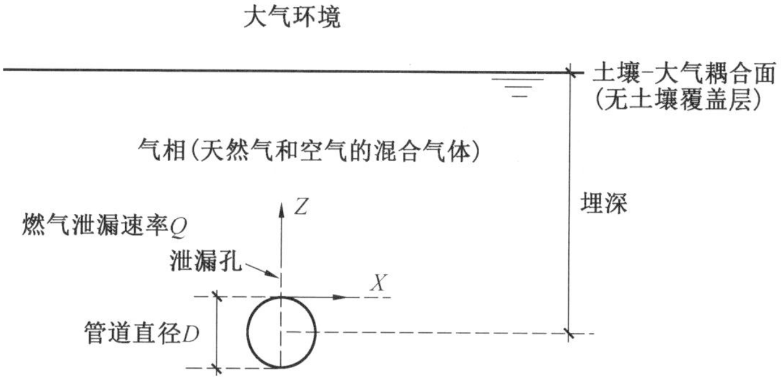

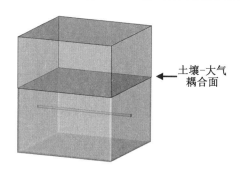

图 4.22　土壤－大气耦合面下直埋燃气管网泄漏扩散过程简图

图 4.23　土壤－大气耦合面下直埋燃气管网泄漏扩散物理模型

4.4.2　网格划分

土壤－大气耦合面网格划分如图 4.24 所示。在土壤－大气耦合面附近进行加密,距离耦合面由近到远,网格划分的疏密程度由密到疏,这样既可保证计算的精度,又可使计算量不至于太大,从而保证计算的速度不会太慢。网格质量如图 4.25 所示。

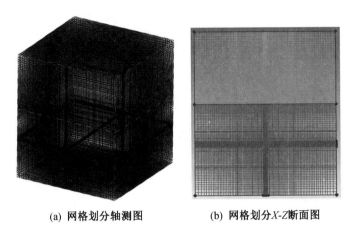

(a) 网格划分轴测图　　　(b) 网格划分 X-Z 断面图

图 4.24　土壤－大气耦合面网格划分

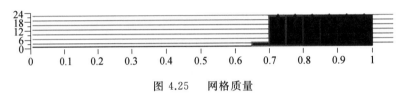

图 4.25　网格质量

4.4.3　控制方程

本节主要阐述燃气在大气中遵循的控制方程,主要有三大守恒方程。

(1) 连续方程(质量守恒方程)。

$$\frac{\partial \rho}{\partial t} + \nabla \cdot (\rho v_i) = 0 \qquad (4.4.1)$$

式中,v_i 为速度 v 在 x、y、z 三个方向上的分量,m/s。

(2) 运动方程(动量守恒方程)。

$$\rho \frac{\partial v_i}{\partial t} + \rho (v_i \cdot \nabla) v_i = -\nabla p + \mu \nabla^2 v_i + \rho g \qquad (4.4.2)$$

式中,v_i 为速度 v 在 x、y、z 三个方向上的分量,m/s;μ 为动力黏度系数。

(3) 组分运输方程。

直埋燃气管道发生泄漏后,燃气向土壤介质内进行扩散,与土壤中的空气进行混合,属于多组分混合的组分运输。Fluent 提供了几种组分运输模型,本节选用 Fluent 组分运输中的通用有限速率模型,选取的流体材料为 methane-air。可用组分运输方程来表述此组分运输过程:

$$\frac{\partial(\rho m_i)}{\partial t} + \frac{\partial(\rho u m_i)}{\partial x} + \frac{\partial(\rho v m_i)}{\partial y} + \frac{\partial(\rho w m_i)}{\partial z} =$$

$$\frac{\partial}{\partial x}\left[\Gamma_i \frac{\partial m_i}{\partial x}\right] + \frac{\partial}{\partial y}\left[\Gamma_i \frac{\partial m_i}{\partial y}\right] + \frac{\partial}{\partial z}\left[\Gamma_i \frac{\partial m_i}{\partial z}\right] \qquad (4.4.3)$$

式中，m_i 为不同组分所占的质量比例；Γ_i 为湍流扩散系数。

4.4.4　边界条件及初始条件设置

1.边界条件设置

本次模拟中流体域有两部分，一部分为土壤区域，另一部分为土壤－大气耦合面之上的大气区域。重力设为 -9.81 m/s^2，空气密度选择 Boussinesq 假设以考虑浮力的影响。大气区域流体材料设置为 methane-air。大气区域各个面为压力出口，压力等于环境压力，即 0 MPa。在土壤－大气耦合面设为interface，勾选 match 选项，土壤区域中各边界条件与 4.1 节相同，见表 4.5。

表 4.5　边界条件设置

名称	模型位置	边界条件	设定值
Interface	土壤－大气耦合面	interface	—
Gas-outlet	大气边界	pressure outlet	全压，组分，温度
Gas	大气	interior	—

2.初始条件设置

燃气在土壤中和大气中泄漏扩散的初始条件为：$t=0$ 时，土壤中的流体全部为空气，压力为初始大气压，大气中的流体全部为空气，压力为初始大气压。

采用全局初始化方式，利用 patch 选项，将甲烷在土壤和大气流体域内的初始值设为 0，压力设置为 0，土壤温度设为 288 K，大气温度设为 293 K。

4.4.5　泄漏量分析

图 4.26 所示为土壤－大气耦合面下泄漏量随时间变化的曲线。泄漏量随时间延长先迅速增大，而后在微小区间波动，总体波动幅度不大，泄漏量约为 1.042×10^{-3} kg/s。工况 2 模拟得到稳定时泄漏量为 2.420×10^{-4} kg/s，土壤－大气耦合面下直埋燃气管网泄漏扩散模拟得到泄漏量约为工况 2 条件下泄漏量的 4 倍。结果表明，直埋燃气管道在无土壤覆盖层时泄漏量会显著增加。无土壤覆盖层时，燃气通过土壤地面扩散至大气环境中，在大气中燃气受到的阻力大大降低，燃气扩散速度加快，泄漏孔处泄漏量显著增加。

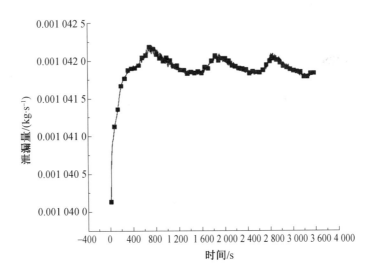

图 4.26　土壤－大气耦合面下泄漏量随时间变化曲线

4.4.6　甲烷气体质量分数云图分析

在泄漏孔中心处作 $Z-Y$ 平面。图 4.27 所示为 $Z-Y$ 平面燃气质量分数云图。

由于把土壤视为各向同性,图 4.27 中泄漏孔水平方向两端区域燃气质量分数大致呈对称分布。

燃气在土壤中泄漏扩散 1 min 时,土壤中燃气扩散范围较小,燃气在泄漏孔附近形成高质量分数区,土壤中燃气的爆炸半径约为 0.5 m,此时燃气质量分数云图与土壤覆盖层为水泥时相似,云图形状为扇形。燃气在土壤中泄漏扩散 10 min 时,土壤中燃气的最大爆炸半径约为 1.25 m,土壤－大气耦合面处质量分数已达到爆炸下限对应的质量分数 0.028 33,且达到爆炸下限的危险区域半径约为 0.25 m,大气中的甲烷气体质量分数已达到 0.001,此时燃气质量分数云图形状已发生改变,泄漏孔附近燃气质量分数云图为类似蜡烛火焰的形状。燃气在土壤中泄漏扩散 30 min 时,土壤中水平方向达到爆炸下限的危险区域半径未发生改变,与泄漏扩散 10 min 时的危险区域半径相同,为 1.25 m,土壤－大气耦合面处达到爆炸下限的危险区域半径增大,约为 0.8 m,大气中的甲烷气体质量分数达到 0.001 的区域显著增大,泄漏孔附近燃气质量分数云图为类似蜡烛

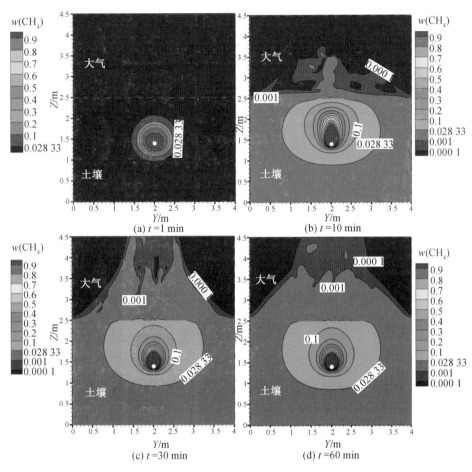

图 4.27　$Z-Y$ 平面燃气质量分数云图

火焰的形状。燃气在土壤中泄漏扩散 60 min 时,土壤中水平方向燃气的爆炸半径仍为1.25 m,土壤－大气耦合面处达到爆炸下限的危险区域半径与泄漏扩散 30 min 时一样,约为 0.8 m。整体来看,随着泄漏时间的增加,在土壤中甲烷气体质量分数达到爆炸下限的危险范围先增大,在泄漏时间达到 30 min 后基本保持不变。此情况下土壤中甲烷气体质量分数云图在初始时与土壤覆盖面为水泥时的形状类似,10 min 后形状变为类似蜡烛火焰。随着泄漏时间的增加,在大气中甲烷的质量分数达到 0.001 的范围逐渐增大,由于在大气中甲烷受到的浮力作用大于重力作用,甲烷更易向上扩散,甲烷气体质量分数云图显示为类似火山的形状。

　　由于燃气在土壤中扩散受到的阻力较大,扩散至土壤上边界时速度非常小,基本以分子扩散的形式运动,燃气在到达土壤上边界后进入大气环境中,在大气中受到的阻力较小,扩散速度较快;又因为土壤中空气的质量分数很小,相对来说燃气的质量分数就较大,而大气环境充满空气,同等质量的燃气扩散到土壤和大气中,燃气在大气中的质量分数就较小一些,这两方面因素导致图 4.27 中土壤－大气耦合面处燃气的质量分数云图出现明显的断层现象。

第5章　燃气管网泄漏扩散检测监测与防控方法

5.1　燃气管网泄漏检测方法

5.1.1　燃气管网泄漏常用检测方法概述

燃气管网泄漏检测是从管道外部或内部进行定期检测,检测已经发生泄漏的部位,或者管道上可能发生泄漏的薄弱点。燃气公司的巡检就属于管网检测的一种方式,通过定期检测管道周边的可燃气体体积分数,发现管网泄漏。

针对燃气管网泄漏的检测方法相对较多。根据使用的方法,可将燃气管网泄漏检测方法分为直接法和间接法。直接法也称为硬件检测法,是通过人的感官或各种特殊传感器直接对管道进行检测,判断是否发生泄漏,包括人工巡视法、巡检车法、管内智能机爬机检测法、智能球法、电缆检测法、光纤检测法、红外检测法、声发射技术法等方法。人工巡视法是国内各城市燃气公司常用的一种检测方法,该方法相对较为直观、可靠,但检测速度慢,对检测者经验依赖性强,无法实现连续检测。间接法也称为软件检测法或间接推理法,是通过对数据采集系统采集到的管道内流量、温度、压力等数据计算分析管道是否发生泄漏,包括负压波法、压力梯度法、质量平衡法等方法。现有主要燃气管网泄漏检测技术对比见表5.1。

表 5.1　现有主要燃气管网泄漏检测技术对比

检测方法	名称	优点	缺点
直接法	人工巡视法	较为直观、可靠	检测间隔周期较长,且对检测者经验的依赖性强,无法实现连续检测,无法确定泄漏点位
	巡检车法	较为直观、可靠	检测间隔周期较长,且对检测者经验的依赖性强,无法实现连续检测,无法确定泄漏点位
	管内智能机爬机检测法	技术较为成熟,可应用到综合型的复杂管道检测系统中	仅适用于没有太多弯头和连接的管道,且操作需有丰富的经验
	智能球法	可探测管道内微小泄漏	探测器在管道内通行时可能发生卡堵现象
	电缆检测法	灵敏度、准确度高,检测速度快	对天然气不敏感,施工费用高,受环境影响大,不适用于已埋设燃气管道
	光纤检测法	抗干扰性强,灵敏度高	对于埋地较深的燃气管道,成本较高,光纤不能实现连续工作
	红外检测法	定位精确,灵敏度高	检测费用高,不适用于检测埋地较深的管道
	声发射技术法	可通过泄漏产生的声信号判断泄漏,实现对泄漏信号的连续捕捉	受周边环境影响大
间接法	负压波法	施工量小,成本低,安装维护方便	无法检测微小泄漏
	压力梯度法	操作简单	很难实现精确定位
	质量平衡法	方法可独立使用,可明确判断管道的大泄漏	不适用于较小泄漏的检测,无法对泄漏点进行定位,很难实现在线检测

5.1.2　燃气管网泄漏检测设备

目前针对城市燃气管网的泄漏检测设备设施的研究,多为针对燃气泄漏检测的检测元件和设备的研究。20 世纪 30 年代,日本成功用光干涉原理研制出了光干涉瓦斯检定器;1954 年,英国采矿安全研究所研制出了用于瓦斯监测的载体催化元件;随着现代科技的发展,各类气体检测仪不断被研发。我国对气体检测装置的研究始于 20 世纪 60 年代初,抚顺煤矿安全仪器厂成功研制出了基于载体催化元件的瓦斯测量仪;20 世纪 90 年代以后,我国的气体检测装置实现了连续监测可矿下作业等功能,在数据处理等方面得到了迅速发展。中国石油天然气管道局管道技术公司与英国 Advantica(AT) 公司合作研发了具有国际领先水平的无损检测器;袁朝庆等研究了利用 Bragg 光栅光纤所构成的温度传感器。振动检测在油气开采、采矿工程、地下工程、岩土工程领域已证明其可靠性,但在外部扰动燃气管道识别方面应用较少。

5.2　燃气管网泄漏检测分析

5.2.1　燃气管网泄漏检测的难点分析

燃气管网泄漏检测是管网安全运行的重要内容之一,然而由于地下沼气的干扰,经常导致燃气漏点判别失误,无效开挖的情况时有发生,对燃气企业造成巨大的浪费;同时由地下沼气所引起的爆炸事故及由此所引发的责任认定经常困扰着燃气公司。

城市地下沼气是由下水道和化粪池的有机物质在甲烷菌的作用下所产生的,其主要成分是甲烷。由于天然气的主要成分也是甲烷,而燃气管道与下水道经常比邻,因此地下沼气经常对燃气泄漏的判断产生干扰。天然气、沼气的主要成分都是甲烷,但是天然气中含有乙烷,而沼气却没有,因此可以用乙烷作为"特征组分"来区别天然气和沼气。氮气、硫化氢、二氧化碳等气体在自然界中普遍存在,因此不能作为"特征组分"。在燃气检测过程中,如果能够检测出可燃气体的"特征组分"乙烷,可肯定疑似漏点源于输气管道中的燃气,否则是地下沼气,这对于燃气管网安全运行意义重大。

5.2.2　气相色谱分离在乙烷辨识中的应用

目前应用比较成熟的分辨天然气和沼气的方法就是采用气相色谱(GC)分

离原理和传感器技术进行可燃气体中乙烷的辨识。

乙烷辨识仪基于气相色谱分析原理,利用待分离的各种物质在两相中的分配系数、吸附能力、亲和能力等的不同来进行分离。由于混合物中各组分在性质和结构上存在差异,因此它们与固定相之间产生的作用力的大小、强弱不同。随着流动相的流动,混合物在两相间经过反复多次的分配平衡,使得各组分被固定相保留的时间不同,从而按一定次序由固定相中先后流出,然后用传感器对流出组分依次检测。

为了满足对乙烷常温检测和手持操作的需求,汉威科技集团研发了一种简易的气相色谱仪气路流程和一种异于常规色谱柱形态的"芯片式"色谱柱。简易的气相色谱仪气路流程具备样品气体预处理、简易的取样和进样、分离分析的综合功能,适用于手持式色谱分析仪器。其中,气路流程简单,不需要外置气源,直接采用气泵抽取洁净环境空气作为载气;专用色谱柱具有体积小、可常温下正常使用的特点;检测器采用半导体传感器,并可根据其他检测对象更换传感器。"芯片式"色谱柱结构,外壳上设置有进气口和出气口,外壳内设置有进气通道、空气通道、色谱柱通道和电磁三通阀;进气口通过进气通道连通电磁三通阀的进气端,电磁三通阀的出气端 1 通过空气通道连通出气口,电磁三通阀的出气端 2 通过色谱柱通道连通出气口。"芯片式"色谱柱设计通过电磁三通阀进行气路的切换,不需要另外附加进气装置;色谱柱通道为 S 形结构,减小了色谱柱的体积,同时只需要一个外置空气泵即可实现样品气体的取样,能够应用于体积小的手持式分析仪器;填充担体可以根据需要更换,增大了该色谱柱的适用范围,具有设计科学、体积小、适用范围广的优点。

5.3　燃气管网泄漏监测方法

5.3.1　燃气管网泄漏常用监测方法概述

泄漏监测主要是对管道从不漏到突然发生泄漏这样一个新生过程的监测。目前国内燃气管道监测应用研究多为对长输油气管道的监测研究,长输油气管道监测的主要方法及其优缺点见表5.2。对较长输油气管道而言,城镇燃气管道多为中低压管道,泄漏产生的负压和声波弱、衰减快,且受环境干扰、监测距离和定位精度等多个因素影响,能应用于燃气管网实时工况监测的手段仍然有限。目前针对城市燃气管网监测的研究多为对杂散电流、防腐压力和流量等工况变化的监测研究。

表 5.2　长输油气管道监测的主要方法及其优缺点

设备安装位置	名称	优点	缺点
管道内部	平衡流量法	可发现微小泄漏	反应时间长,不能进行泄漏点定位
	负压波法	定位精度和灵敏度都很高,实施便捷	不适用于微小泄漏和渗漏
	声波法	灵敏度高,实施便捷,可定位	需沿管道布设大量传感器,成本高,环境噪声影响明显
	实时瞬态模型法	可定位,灵敏度高	需要安装大量传感器,成本高
	监控与数据采集法	泄漏报警准确,漏点定位精度高,并具有决策控制功能	要求管道模型准确,运算量大,成本高,需要进行人员培训和系统维护以及布设大量的高精度的测量仪表
管道外部	气体敏感法	定位准确,能发现微小渗漏	需要沿管道密布气体采集器,成本高
	激光光纤传感法	灵敏度较高,电绝缘性良好,在较为恶劣环境下信号传输性能良好,可使用现有直埋通信系统光缆进行检测	施工费用高,泄漏点定位精度不高,不能区分人为产生的机械振动和管网泄漏引起的机械振动,易产生误报
	电缆传感法	漏点定位精度高、软件的设置和维护简单	成本高,监测电缆线需要专门安装

5.3.2　燃气管网泄漏监测设备

　　针对地下空间可燃气体聚集监测技术和装备,国内外少数企业和研究机构开展了相关方面的应用研究,如河南汉威电子股份有限公司通过监测燃气阀门井内可燃气体的体积分数来判断燃气阀门井是否发生泄漏;重庆市开展了化粪池内可燃气体监测,以避免沼气聚集导致的爆炸。但是,通过对地下空间进行系统性监测避免爆炸的大规模应用目前还很少。另外由于地下空间具有易积水、存在大量沼气、井内通信信号弱、井内湿度大等特点,环境相对恶劣。一般监测设备存在防腐能力不足、防护等级不足、数据传输不稳定等特点,在地下空间可燃气体监测方面无法得到有效应用。

5.4　燃气管网泄漏监测分析

5.4.1　基于地下空间的可燃气体监测分析

埋地燃气管网泄漏初期,大量气体扩散到土壤中,由于土壤孔隙阻力、毛细管压力的影响,气体湍流损失较大,虽不能像高架管道那样形成高速射流,但气体仍会很快通过土壤多孔介质不断涌向地表,此时气体开始碰撞,且受表面张力作用,导致在极短时间内泄漏点附近地面聚集大量的燃气。起初管内外压力梯度较大,地表燃气高速流动,且受空气浮力作用,致使云团快速上升,并在地面上形成一个高质量分数区。此时高质量分数区仍有管道中燃气供给,加之燃气与空气之间存在较大质量分数差,云团迅速上升并迅速扩散。随着泄漏时间的延长,管内外压力梯度降低,扩散速度和泄漏量明显减小,当管内压力接近或等于环境压力时,泄漏停止。但由于埋地管网泄漏初期地表气体质量分数较大,且扩散较慢,加之高质量分数区不断向地表扩散,地表将在较长时间内持续较高质量分数。因此,在燃气管网泄漏初期,甲烷气体质量分数迅速上升,后趋于稳定,并在泄漏停止后一段时间降低,变化趋势如图 5.1 所示(图中对泄漏过程中气体质量分数进行了计算)。

在燃气管网泄漏过程中,气体的扩散主要受管道破损情况、管道压力、土壤环境和气候条件等因素的影响。其中,管道破损情况和管道压力直接决定管道的扩散速度和泄漏持续时间,而温度对甲烷的扩散也有一定的影响,温度越高,甲烷扩散速度越快,其影响范围越广。晏玉婷对燃气在土壤中的扩散情况进行了分析,其结果表明,土壤到达一定深度时,土壤温度受空气温度影响不大,而地表受空气温度影响波动较大,其中,土壤中温度维持在 15 ℃ 左右,最大温差约为 1.5 ℃,而与空气的最大温差为 6.4 ℃。由于燃气管道埋深相对较大,在发生燃气管网泄漏时,土壤温度变化较小,且甲烷气体体积分数变化不大。

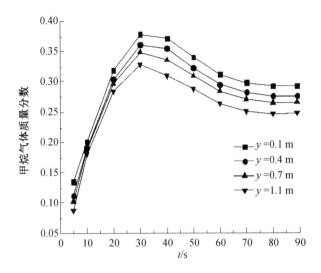

图 5.1　燃气泄漏过程中甲烷气体质量分数随时间变化规律

　　窨井内甲烷气体体积分数随温度变化规律与微生物的活性相关,地下空间内产生甲烷的微生物主要为产甲烷菌,多数产甲烷菌属于中温型,在厌氧环境下,能在10～65 ℃下保持活性,最适宜温度为 20 ～ 45 ℃,在此区间内温度越高,发酵作用越强,测得的甲烷气体体积分数则越高。李金平等对不同温度下沼气成分进行了研究分析,得到发酵温度对甲烷气体体积分数的影响,如图 5.2 所示。由图5.2可以看出,在一定温度条件下,随着发酵的进行,甲烷气体体积分数逐渐升高;而随着发酵时间的持续,pH 升高,导致氨气的体积分数增加,抑制了产甲烷菌的活性,甲烷气体体积分数逐渐下降。在不同温度下,发酵得到的甲烷峰值和平均甲烷气体体积分数差值不大,但温度较高时产气速率相对较高,且在发酵后期,温度越高,甲烷气体体积分数越高。

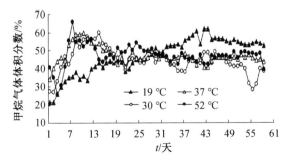

图 5.2　发酵温度对甲烷气体体积分数的影响

　　综上所述,当燃气管道发生泄漏时,甲烷气体体积分数随着泄漏的进行逐渐增大,后近似趋于稳定,并在泄漏停止后一段时间逐渐减小,在此过程中,温度对甲烷气体体积分数影响相对较小。而在沼气堆积时,甲烷气体体积分数变化无明显规律,且一天内甲烷气体体积分数基本不变,同时温度对甲烷气体体积分数影响相对较大。

　　通过对大量监测数据分析发现,燃气泄漏监测到的甲烷气体体积分数呈现周期性变化,沼气监测到的体积分数与温度变化有关,典型曲线规律分析如下。

　　图 5.3 为 2017 年 6 月 22 日～7 月 8 日监测到的一条燃气泄漏曲线,可以发现甲烷气体体积分数的变化与温度之间没有直观的规律,而在时间上具有一定的规律性,整体曲线以一天为周期呈现周期性变化,早上 8 点前后达到峰值,而白天体积分数较低,尤其是在傍晚时段体积分数达到最低点。结合某地天然气日小时流量变化趋势(图 5.4)可知,燃气泄漏处于峰值的时间基本为用气高峰期。在燃气管道发生泄漏时,由于未采取关阀等应急处理措施,管道压力和管道破损情况基本不变,在用气高峰期,管道输气量增加,因此其扩散速度有所增加,甲烷气体体积分数也会增大;而在其他时间段,管道输气量相对减小,甲烷气体体积分数也相对较小。

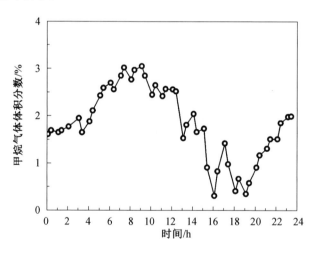

图 5.3　典型燃气泄漏监测曲线

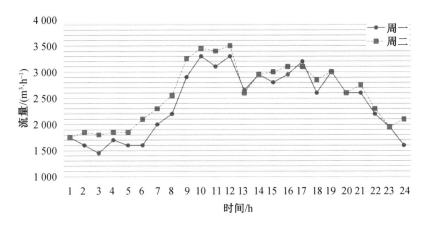

图 5.4　某地天然气日小时流量变化趋势

　　选取典型的沼气较浓的场景进行甲烷气体体积分数的监测,典型沼气堆积监测曲线如图 5.5 所示。从该曲线上不难看出,体积分数变化在时间上没有呈现出明显的规律性,一天内甲烷气体体积分数变化不明显。

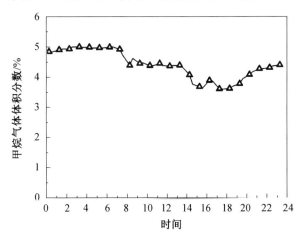

图 5.5　典型沼气堆积监测曲线

5.4.2　基于光纤的燃气监测分析

　　分布式光纤传感(Distributed Fiber Optic Sensing,DFOS)技术是 20 世纪 80 年代迅速发展起来的一种新型传感技术。近些年来,随着国内外对该技术的不断研究,其应用领域不断扩大,在地下管道监测方面显示出巨大的潜力。

　　目前,应用于地下管道监测的 DFOS 技术主要包括:光纤布拉格光栅(Fiber

Bragg Grating,FBG)技术、基于布里渊散射原理的布里渊散射光时 / 频域反射 / 分析(Brillouin Optical Time-Domain Reflectometer,BOTDR;Brillouin Optical Time-Domain Analysis,BOTDA;Brillouin Optical Frequency Domain Analysis, BOFDA)技术、基于拉曼散射原理的拉曼散射光时 / 频域反射(Raman Optical Time-Domain Reflectometer,ROTDR; Raman Optical Frequency Domain Reflectometer,ROFDR)技术和基于瑞利散射原理的瑞利散射光时域反射 / 相位变化(Optical Time-Domain Reflectometer,OTDR; Phase Optical Time-Domain Reflectometer,Φ－OTDR)技术等。如表 5.3 所示,这几种传感技术因各自原理及传感方式上的差异,在地下管道监测方面有着各自的特点。

表 5.3　常用的分布式光纤传感(DFOS)技术及其特点

传感技术	基本原理	感测参量	优势	局限性
FBG	相长干涉	应变、温度	轻便易携带,可靠性高、抗腐蚀、抗电磁干扰、灵敏度高、分辨率高,测量精度可达 1 $\mu\varepsilon$/0.1 ℃	准分布式测量,存在漏检的可能,高温下光栅有消退现象,裸传感器易受损
BOTDR	自发布里渊散射光时域反射	应变、温度	单端测量,不需要回路,工程适用性好,可测绝对温度和应变,测量距离最长可达 80 km	测量时间较长,精度不高,空间分辨率较低,一般为 1 m
BOTDA	受激布里渊散射光时域分析	应变、温度	双端测量,动态范围大,测量时间短,精度高,空间分辨率高达 0.1 m,可测绝对温度和应变,测试距离可达 25 km	不可测断点,双端测量风险高
BOFDA	受激布里渊散射光频域分析	应变、温度	双端测量,信噪比高,动态范围大,测量时间短,精度高,空间分辨率高达 0.03 m,可测绝对温度和应变,测试距离可达 25 km	不可测断点,双端测量风险高
ROTDR	拉曼散射光时域反射	温度	单端测量,仅对温度敏感,温度监测精度可达到 ±0.5 ℃,单线测量长度最高可达 6 km	空间分辨率相对较低,一般为 1 m
ROFDR	拉曼散射光频域反射	温度	单端测量,仅对温度敏感,最小温度分辨率可达 0.01 ℃,空间分辨率可达 0.25 m,测试距离最大可达 40 km	光源相干性和器件要求高,光路实现困难

续表5.3

传感技术	基本原理	感测参量	优势	局限性
OTDR	瑞利散射光时域反射	压力、振动	可精确测量光纤的光损点和断点位置,可实现结构物开裂的定位,测试距离可达 40 km	受干扰因素多,测量精度相对较低,空间分辨率仅为 1 m
Φ—OTDR	瑞利散射光相位变化	振动	单端测量,可感知光纤周围的微弱振动,抗电磁干扰,灵敏度高,空间分辨率达 0.3 m,监测距离可达 50 km	极为敏感,易误报

目前,分布式光纤传感技术使用的是监测温度的变化来监测地下管网泄漏(即 DTS 技术)。处于地下空间的燃气管道属于承压体,管道内部的气体处于高压环境中。当燃气管道有穿孔或者裂缝等泄漏现象时,燃气从孔洞中泄漏到达周围地下空间内,泄漏的整个过程可以看成绝热状态,气体由高压环境进入低压地下空间,会发生体积增大现象,周围环境温度也会由于气体泄漏而降低,在泄漏口附近形成温度梯度场。温度梯度的变化与周围环境无关,与泄漏气体的种类和泄漏管道的压力有关,无论管道周围的环境温度如何,冷却效应量级是一个定量,当监测设备检测到某一处存在较大的温度差时,可以判断这段管道存在气体泄漏现象,如图 5.6 所示。因此,DTS 技术通过前后温度的对比,在一定程度上能够实现对泄漏管道的监测与定位。

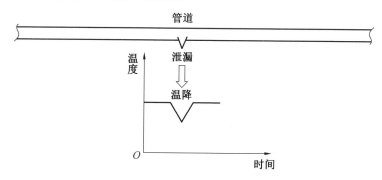

图 5.6　燃气管网泄漏温度变化特性

5.5　燃气管网泄漏扩散控制方案

5.5.1　管道处置方案

城镇燃气管网大多数使用的是 PE 管或者钢制管,在进行抢修前,要根据不同的管道材质、泄漏点位置和管道周边的环境情况来确定相应的抢修方法。手工焊接和机械作业是燃气管道抢修的两种基本方法。

1.手工焊接

手工焊接的方式有两种。一种是"补",指的是利用焊枪直接对漏气点、漏气部位进行封堵。这种方式可用于前后断气情况下的不带气作业,或直接降压保水柱的带气作业,在泄漏点附近进行焊接作业,从而修复泄漏点;另一种是"换",进行损坏管道更换,通过对泄漏点两侧的停输,对泄漏点周围管道进行断管更换为新管道的作业。手工焊接的优点有三个:第一就是使用范围较广,几乎任何管道都可用手工焊接;第二是适合复杂环境中的管道修复,尤其是管道密集地区,大型机械设备无法到达的情况下,使用手工焊接是最好的选择;第三是对管道不会增加新的安全隐患,避免了机械作业中管件会带来新的漏点的风险。但这种方式也存在一些缺点,首先就是对焊接人员的技术要求较高,同时需要调压人员的密切配合,对职工的技术等级是一种考验。此外,焊接过程中需要降压、停气,可能带来不必要的经济损失和社会影响,且时间成本较高,不适用于大型管道的焊接修复工作。

2.机械作业

机械作业是指在漏气点两侧焊接管道管件,利用膨胀桶停输两侧燃气,再进行放空修复的作业。在下游为支线或为环网但供气量不足的情况下,可利用压力平衡孔制作临时补气跨接线,防止燃气意外中断,保证抢修过程中下游用户的正常用气。在气源形式较为单一、燃气气化率较高的城市中,机械作业可满足不停输修复漏气点的要求。机械作业由于涉及机械设备较多,且操作比较复杂,需要专业人员严格按作业指导书进行操作,重点是前后工序、作业人员的配合衔接工作要紧密有序。该方式较为适合大管段、高压力的漏气修复,但针对密集地区的泄漏点修复,手工作业仍更为适合。此外,机械作业对地形与作业坑的要求较为严苛,在开孔、下封堵的过程中需要较大的作业空间与较长的作业时间。所以,在泄漏点周围要做好环境控制,并且要准确寻找到泄漏点位置,以便机械作业更好地开展。

5.5.2　人员疏散方案

本书通过综合考虑燃气突发事件各类事故后果影响范围及伤害分区,得出了该事件的安全疏散范围,并识别出了疏散集结点、警戒点、庇护场所以及待疏散人群数量。

(1) 人员疏散范围确定。

首先对燃气泄漏大气扩散进行分析,通过开放空间可燃气体扩散分析模型,实时计算甲烷扩散边界为 3% 甲烷气体体积分数的覆盖范围 S_1,得出大气扩散的影响长度 l_x、l_y。

其次对燃气泄漏事故后果进行分析,分别从喷射火、蒸气云爆炸和地下空间爆炸三个方面统筹考虑。通过喷射火模型进行计算,确定 Q'(特定位置观察者受到的辐射能)$> 12.5\ \mathrm{kW/m^2}$,喷射火的人员疏散范围为 S_p,此半径即为人员喷射火疏散半径 R_p。通过蒸气云爆炸模型进行计算,确定蒸气云人员轻伤半径 R_z,由此得出蒸气云爆炸的人员疏散范围 S_z。地下空间爆炸中的地下空间主要指连通管道(污水管道、雨水管道、暗渠及同功能管道、电力管道),根据相关实验,爆炸破片影响半径小于超压伤害半径,在此不再考虑破片影响。地下空间爆炸致灾模式主要为超压。以待评估燃气管段 12.5 m 范围连通管道为计算对象,计算各连通管道的超压影响范围,叠加各连通管道对应伤害分区,形成连通管道爆炸伤害范围。根据相关实验结果,地下空间爆炸超压对人员的伤害情况见表 5.4。

表 5.4　地下空间爆炸超压对人员的伤害情况

伤害分区	人员伤害与破坏程度	超压 Δp/MPa	至地下空间边沿的距离 /m
安全区	人员基本无伤害	< 0.02	$> 5.152\sqrt[3]{S_{6i}}$
轻危区	人员轻微伤害	$0.02 \sim 0.03$	$4.784\sqrt[3]{S_{6i}} \sim 5.152\sqrt[3]{S_{6i}}$
高危区	人员严重伤害、内脏严重损伤或死亡	$0.05 \sim 0.10$	$2.784\sqrt[3]{S_{6i}} \sim 4.784\sqrt[3]{S_{6i}}$
死亡区	大部分人员死亡	> 0.10	$< 2.784\sqrt[3]{S_{6i}}$

表 5.4 中 S_{6i} 为周边第 i 个地下空间(管道)截面积。对于连通管道截面积 S_{6i} 通过以下方式确定:对于圆形连通管道,其截面积可表示为 $S_{6i} = \dfrac{\pi R_y^2}{4}$,式中,$R_y$ 为圆形连通管道的直径;对于暗渠等长方形管道,其截面积可表示为 $S_{6i} =$

ab,a、b 分别为长方形管道的宽和高。则地下空间爆炸的影响半径为 R_d = $5.152\sqrt[3]{S_{6i}}$,即可得到地下空间爆炸的人员影响范围 S_d。

综上可得该燃气泄漏突发事件的人员疏散范围为 $S=S_1\cup S_p\cup S_z\cup S_d$。

(2) 疏散集结点(出口)、警戒点和庇护场所的确定。

根据地理信息系统识别出该疏散范围边界与道路的交点,并以此类交点作为本次疏散活动的警戒点 A_i,采用红色感叹号或警示符号进行标识;根据地理信息系统识别出该疏散范围外的第一个道路交叉控制口,以此类道路交口作为本次疏散的集结点 E_i,采用绿色紧急集合点符号进行高亮标识;根据《城市社区应急避难场所建设标准》可选择学校,公园,绿地,广场,体育场,室内公共的场、所、馆和地下人防工事等作为疏散的庇护场所,因此以上述字段为准根据地理信息系统识别出该疏散范围外所有的庇护场所 B_i,并采用蓝色庇护场所符号进行标识。接入实时人口密度 ρ,根据待疏散人员范围计算待疏散人群数量 P,即待疏散人员数量为 $P = S\times\rho$。

5.6　燃气管网远程关阀布点策略

由于燃气的易燃易爆特性,一旦埋地燃气管网发生大规模泄漏没有得到及时控制,易造成重大人员伤亡及经济损失。在埋地燃气管道阀门上安装远程控制机构,当发生大量泄漏时对阀门及时关闭有助于控制突发事件的发展。燃气管道阀门数量众多,为便于远程控制机构安装点位的选择,本书建立了一种城市燃气管网阀门远程控制机构优化布设方法,从风险的视角结合远程控制机构数量与停气负面影响,构建了停气单元效益函数,基于相关规则对停气燃气管道进行合并,最终获得远程控制机构布设最佳方案。燃气管道大量泄漏多发于城市中压及以上压力级别管网,因此本书优化方法所针对的对象为城市中压及以上压力级别管网及阀门。此场景下,埋地燃气管网可简化为由燃气管道、阀门(点)构成,将燃气管网用阀门分隔开,形成诸多燃气管道停气基本单元,燃气管道停气基本单元的含义为该燃气管道上无常开的阀门将其分割为更小的单元,对应的使燃气管道 i 停气的阀门组成集合 $\{v_1,\cdots,v_o\}_i$。

5.6.1　燃气管道停气单元评估

本书从远程控制机构使用效益、燃气管道大规模泄漏事故后果和事故控制力三个方面进行燃气管道停气单元评估。

1.远程控制机构使用效益评估

阀门远程控制机构安装目的为对需要停气(一般为大量泄漏)的燃气管道进行辅助控制。首先基于风险的思想,对燃气管道停气基本单元进行风险评估。风险的一般表示为概率 P 与后果 C 的乘积。阀门远程控制机构的作用为应急能力的补强,因此在本书中风险评估需着重考虑应急能力因素 λ,即风险可表示为

$$R_i = P_i C_i / \lambda_i \tag{5.6.1}$$

式中,P 为单位燃气管道停气基本单元因泄漏需要停气的可能性;C 为燃气管道的停气后果;λ 为事故应急能力,用来表征控制突发事件的能力。

用远程控制机构安装数量来代表经济投入,构建单位实际远程控制机构控制风险量 k_i 来表征远程控制机构起到的作用:

$$k_i = \frac{R_i}{\sum v_{i1}} \tag{5.6.2}$$

式中,R_i 为第 i 个燃气管道停气基本单元风险值;$\sum v_{i1}$ 为使该段燃气管道停气所用到远程控制机构实际量。由于管道的交叉,存在一个远程控制机构在多个停气单元中被使用的情况。远程控制机构实际量 v_{i1} 被定义为

$$v_{i1} = \frac{1}{n_{i1}} \tag{5.6.3}$$

式中,n_{i1} 为该远程控制机构在各控制机构中集合出现的频次之和。结合式(5.6.2)和式(5.6.3)可以看出,对于相同实际使用量远程控制机构,其对应停气单元风险越高 k_i 值越大,则表明控制效果越好。

同时,从用户角度考虑,对于相同实际使用量远程控制机构,对应燃气管道停气单元内燃气管道越长,任意一点燃气管道发生泄漏而导致停气的可能性就越大,对控制起到负面作用,而用户数量越多,负面作用越大。这种负面作用,可用下式表示:

$$Ne_i = P_i L_i N_i \tag{5.6.4}$$

式中,L_i 为停气单元燃气管段长度,N_i 为停气单元用户数量。

综合单位实际远程控制机构控制风险量 k_i 与停气负面作用 Ne,构建燃气管道远程控制机构使用效益评价函数 S_i。S_i 值越高,远程控制机构控制风险越高,停气对用户影响越小。

$$S_i = \frac{k_i}{Ne_i} \tag{5.6.5}$$

结合式(5.6.1)、式(5.6.2)和式(5.6.4)，S_i 可表示为

$$S_i = \frac{C_i/\lambda_i}{(L_iN_i)\sum v_{iu}} \tag{5.6.6}$$

即燃气管道远程控制机构使用效益与燃气管道停气后果、应急能力因素、停气单元燃气管道长度、停气单元用户数量有关。

2.燃气管道大规模泄漏事故后果评估

燃气管道大规模泄漏事故本质上为意外释放的能量对周边承灾体的影响，燃气管道大规模泄漏事故后果需根据致灾强度(H)和承灾体脆弱性(V)两方面进行分析。

$$C = HV \tag{5.6.7}$$

(1) 致灾强度 H 评估。

燃气泄漏致灾模式包括大气扩散、喷射火、蒸气云爆炸等。依据 ASME B31.8S-2001 标准，天然气管网泄漏潜在影响半径 r 与管道参数关系为

$$r \propto d\sqrt{p} \tag{5.6.8}$$

式中，r 为受影响区域半径；d 为管道外径，mm；p 为管道最大允许操作压力，Pa。

定义

$$r_i' = d\sqrt{p} \tag{5.6.9}$$

致灾强度 H 取值范围为$[1,10]$，通过插值法获取每项最终得分，即

$$H = \frac{r_i' - r_{\min}'}{r_{\max}' - r_{\min}'} \times 9 + 1 \tag{5.6.10}$$

(2) 承灾体脆弱性 V 评估。

承灾体脆弱性考虑生命类承灾体(V_1)、社会经济类承灾体(V_2)、社会影响(V_3)三方面。承灾体脆弱性 V 评估值由下式计算：

$$V = V_1u_1 + V_2u_2 + V_3u_3 \tag{5.6.11}$$

式中，u_1，u_2，u_3 分别为生命类承灾体(V_1)、社会经济类承灾体(V_2)、社会影响(V_3)对应权重，采用专家打分法获得。

① 生命类承灾体。生命类承灾体主要考虑未及时控制的事故周边人群，通过人口密度来判断对生命承灾体的影响大小，人口密度指燃气管网周围地区单位面积的人口数量。燃气管网周围区域人口越密集，燃气管网失效造成的人员伤亡越严重，取人口密度对应等级分值为本项得分，具体评分标准见表5.5。人口密度等级划分依据当地实际情况而定。

表 5.5 人口密度评分标准

等级	Ⅰ 级	Ⅱ 级	Ⅲ 级	Ⅳ 级
50 m 范围内最大人口密度 P_D/(人·km^{-2})	$P\_D \geqslant POP_1$	$POP_1 > P\_D \geqslant POP_2$	$POP_2 > P\_D \geqslant POP_3$	$P\_D < POP_3$
评估分值(V_1)	10	7	4	1

② 社会经济类承灾体。社会经济类承灾体,主要考虑受影响重要设施(V_{21})、受影响危险源(V_{22})。社会经济类承灾体 V_2 评估值由下式计算:

$$V_2 = V_{21}u_{21} + V_{22}u_{22} \tag{5.6.12}$$

式中,u_{21}、u_{22} 分别为受影响重要设施(V_{21})、受影响危险源(V_{22})对应权重,采用专家打分法获得。

受影响重要设施指燃气管网周围地区大型高成本建筑或经济设施,如银行、商业区、火车站、汽车站、集市、变电站、地铁站、购物中心、体育场馆、通信中心、桥梁、重要用气单位等。在风险评估的过程中,可以根据燃气管道影响范围内周围重要设施的数量对受影响重要设施进行评估,受影响重要设施以一定范围半径检索。以单位管道长度受影响重要设施数量对应等级分值为该项得分,受影响重要设施数量密度等级划分以当地实际情况而定。

受影响重要设施密度计算公式如下:

$$E\_D = \frac{N_E}{L} \tag{5.6.13}$$

式中,N_E 为待评估燃气管道影响范围内受影响重要设施数量;E_D 为受影响重要设施密度,受影响重要设施密度评分标准见表 5.6。

表 5.6 受影响重要设施密度评分标准

等级	Ⅰ 级	Ⅱ 级	Ⅲ 级	Ⅳ 级
受影响重要设施密度 E_D/(个·m^{-1})	$E\_D \geqslant D_1$	$D_1 > E\_D \geqslant D_2$	$D_2 > E\_D \geqslant D_3$	$D_3 < 0.05$
评估分值(V_{21})	10	7	4	1

由于燃气突发事件往往呈现连锁性、复杂性和放大性的特点,容易引发次生、衍生灾害,可通过分析受影响危险源数量,来间接评估次生灾害对承灾体的影响。地上危险源包括加气站、加油站、石油和天然气企业、危险化学品生产企业、污染源、烟花爆竹经营单位、贮罐区等。考虑到事件发生人员疏散与警戒对受影响危险源的影响,受影响危险源以一定范围为半径检索。以单位管道长度影响地上危险源数量对应等级分值为该项得分,地上危险源密度等级划分以当

地实际情况而定。

地上危险源密度计算公式如下：

$$H\_D = \frac{N_{H1}}{L} \qquad (5.6.14)$$

式中，N_{H1} 为待评估燃气管道影响范围内危险源数量；H_D 为地上危险源密度，地上危险源密度评分标准见表 5.7。

表 5.7　地上危险源密度评分标准

等级	Ⅰ级	Ⅱ级	Ⅲ级	Ⅳ级
地上危险源密度 H_D /（个·m⁻¹）	$H\_D \geqslant H_1$	$H_1 > H\_D \geqslant H_2$	$H_2 > H\_D \geqslant H_3$	$H_3 < 0.05$
评估分值（V_{22}）	10	7	4	1

③ 社会影响。社会影响根据待评估管道适当范围内是否存在敏感地点与敏感人群，结合表 5.8 获取本项评估值。

表 5.8　敏感地点及敏感人群

敏感地点及敏感人群	对周边的影响	分值 V_3
党政军机关及宿舍、医院、敬老院、学校、幼儿园、干休所、车站、报社、电视台	易造成周边人群心理恐慌	10
主要商业区（购物中心等）、博物馆、体育馆、图书馆、宗教庙宇、景区、监狱、居民区（小区、住宅区、宿舍等）	较大	7
工厂、一般建筑	较小	4
无建筑	很少	1

3.事故控制力评估

对于同一城市燃气公司，在假定应急救援力量相对充沛且应急制度完善、应急人员素质较强的情况下，事故控制力可由应急救援车辆到达现场时间来表征。其计算方式为

$$\lambda_i = 1 + 0.3e^{-\frac{d_i}{a}} \qquad (5.6.15)$$

式中，d_i 为应急处置单位距待评估燃气管道距离，km；a 为修正系数，依当地实际情况而定。

5.6.2　燃气管道停气单元优化

不同燃气管道基本单元，存在阀门组成集合相同的情况。如图 5.7 所示，为

使燃气管段基本单元 AB 和 BC 停气,均需要阀门集合{v_A,v_B,v_C}关闭。将集合内安装远程控制机构阀门相同的同燃气管道基本单元合并为同一个单元,形成新的燃气管道单元集合{k}。

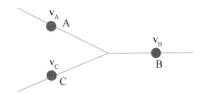

图 5.7　控制阀门集合相同燃气管道示意

　　形成新的各远程控制机构阀门集合对应的燃气管道单元后,计算各燃气管道 S_i 值,并进行排序。对 S_i 值最大的基本燃气管道(maxS_1)与相连的管段单元进行合并,形成新的燃气管段单元。首先对 maxS_1 停气用户数量进行判断,若其大于允许停气的最大用户数量 N,则不对该基本燃气管段进行处理,标记为预备达标管段,将该管道信息从集合{k}中剔除,放入集合{PST},并对放入顺序进行记录。跳过该管段,对 minS_2 管段进行合并分析。

　　现实情况下,存在一个基本燃气管段单元与多个基本燃气管段单元相连的情况。当基本燃气管段单元对应阀门集合中阀门在某管道关阀集合中出现时,即可认为基本燃气管段单元与该管道相连。而当要合并的基本燃气管段的某个阀门在大于一个集合出现时,即该基本燃气管段与多个基本燃气管段相连,若通过该阀门合并,需与管阀集合存在该阀门的所有管段合并。如图 5.8 所示,管段 AB、BC、BD 共用阀门 v_B,若 AB 与 BC 合并,仅关闭阀门{v_A,v_C}无法使 AC 停气,此时对应的停气阀门集合为{v_A,v_C,v_D}。

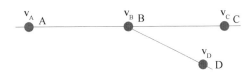

图 5.8　基本管段融合示意

　　构建判断函数,其中 ΔS 为合并后效益改变量,S_x' 为与相邻管道单元合并后的效益值,S_x 为相邻管段原效益值,$\Delta S = S_x' - S_x$,具体如图 5.9 所示。

　　分别对合并后新的燃气管段单元停气用户数量 N_x' 是否大于允许停气的最大用户数量 N 进行判断,当 N_x' 大于 N 时,不应对该停气单元进行合并。即选择合并后最大用户数量小于 N 且合并后效益改变量最大的基本单元进行合并。若新的基本燃气管段停气用户数均大于 N,则该燃气管段单元达标,将该管段信息从集合{k}中剔除,放入集合{PST},并对放入顺序进行记录,跳过该管段,对 minS_2 管段进行合并分析。

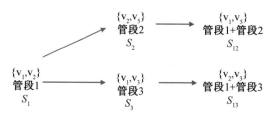

图 5.9　　基本管段融合判断函数构建

预合并燃气管段对应阀门在达标管段 PST 对应阀门集合中均出现时,该管段无须合并,同样标记为 PST 管段,放入集合{PST}中,放入顺序编号和与之相连管道最后被放入{PST}管段顺序一致。

每一轮合并后,对各燃气管道 S_i 值重新计算进行排序,并执行上述合并操作。优化直到控制机构数量达到燃气公司目标数量,或所有燃气管段均不满足合并条件为止。按照 PST 管段放入顺序由前往后对对应阀门进行远程控制机构布设。燃气管段停气单元优化技术路线如图 5.10 所示。

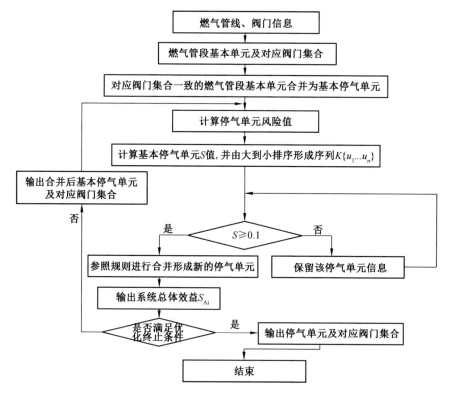

图 5.10　　燃气管段停气单元优化技术路线

第6章 综合管廊内天然气泄漏扩散的数值模拟及风险分析

6.1 入廊天然气管道及舱室的特征分析

城市市政管道通常包括通信、电力、给水、污水、天然气等,综合管廊是建设在城市地下的用于集约敷设这些市政管道的公共空间。本章对入廊天然气管道及舱室的结构设计、通风防爆特点进行总结分析,并结合工程实例进行具体说明。

6.1.1 天然气管道舱室的结构特点

天然气管道同其他市政管道一起架空敷设在一个被称为综合管廊的地下构筑物里面,综合管廊相当于为天然气管道提供了一个安全、有监控设施的庇护场所。《城市综合管廊工程技术规范》(GB 50838—2015)(以下简称《廊规》)中明确规定入廊的天然气管道应在独立舱室内敷设。独立舱室是由结构本体或防火墙分割的用于敷设管道的封闭空间。含天然气管道舱室的综合管廊不应与其他构筑物合建。舱室应该每隔200 m设置一个防火分区,舱室逃生口(1 m×1 m)间距不宜大于200 m,独立舱室的断面需满足安装、检修、维护作业所需空间要求;在综合管廊舱室内管道安装间距示意如图6.1所示,a、b_1、b_2的具体数值与具体管径及管道连接方式有关。

针对入廊天然气管道的特点,查阅《廊规》可知,综合管廊的管道安装净距见表6.1。

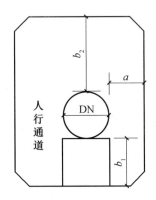

图 6.1　　综合管廊舱室内管道安装间距示意

表 6.1　综合管廊的管道安装净距

DN	综合管廊的管道安装净距 /mm					
	螺栓连接钢管、铸铁管			焊接钢管、塑料管		
	a	b_1	b_2	a	b_1	b_2
DN < 400	400	400				
400 ≤ DN < 800	500	500	800	500	500	800
800 ≤ DN < 1 000						
1 000 ≤ DN < 1 500	600	600		600	600	
DN ≥ 1 500	700	700		700	700	

6.1.2　入廊天然气管道和舱室的特点

1.天然气介质

城镇天然气一般包括天然气、人工煤气和液化石油气。《廊规》中虽然没有条文明确规定入廊的燃气必须为天然气,但是所有相关的条文均直接提及"天然气管道",故认为规范已经默认入廊的燃气必须为天然气。

2.入廊天然气管道特点

入廊天然气管道的安全问题是综合管廊设计的重中之重。防患于未然是首要工作,要确保天然气管道进入综合管廊后不发生泄漏,也就是要避免入廊天然气管道发生泄漏。

直埋天然气管道出现事故,主要是因为土壤对管道的腐蚀和第三方施工破坏致使天然气管道发生泄漏、扩散,甚至酿成火灾。天然气管道入廊之后其生存环境有了明显的改善,基本上不存在来自土壤的侵蚀,但导致管网泄漏的危险性因素还是存在的,主要可能体现在设计施工缺陷、材料缺陷、管理疏漏以及操作失误等方面,下面对这些危险性因素展开分析。

(1) 天然气管道管材。

入廊天然气管道多为主干线管道,压力级别多为中高压。《廊规》规定:天然气管道应采用钢管。尽管天然气经过了一系列脱硫除尘等处理过程,但还是可能存在杂质。钢管的材料强度指标存在差异,抵御风险的能力也不一样,因此天然气中杂质可能造成管道的内壁腐蚀。

(2) 管道的焊缝质量。

入廊天然气管道应为无缝钢管,应采用焊接的连接方式,焊缝质量需满足《廊规》规定:当管道压力级别大于 0.4 MPa 时,环焊缝无损检测应满足100% 超声波检验和100% 射线检验;当管道压力级别小于或等于 0.4 MPa 时,环焊缝无损检测应满足 100% 超声波检验或 100% 射线检验。管道焊缝处出现泄漏的原因主要有以下几个方面:焊接工作人员操作水平差、焊接施工环境条件不符合规定、焊接材料与焊接工艺的适用性不一致等。

(3) 管道防腐层。

天然气管道防腐层破损或老化都会导致管道损坏,需要提高防腐防护材料的耐老化性能。综合管廊是建设在城市地面以下的空间,选择管道防腐层涂料时需要考虑防潮的因素。埋地天然气管道外防腐层主要是挤压聚乙烯防腐层和熔结环氧粉末防腐层。熔结环氧粉末透水率高,而且耐磨性不好,对表面处理要求比较高,对施工工艺及各个施工环节都要求较高,不适合综合管廊。挤压聚乙烯防腐层由熔结环氧粉末、共聚物胶和聚乙烯组成,耐水阻氧性好,黏接力强,有极高的绝缘电阻和较长的使用寿命,良好的机械性能使得挤压聚乙烯防腐层具有较强的抵御施工损伤的能力。

(4) 阀门、管件的质量及安装精度。

天然气管道入廊会涉及很多与阀门、三通相关的配套安装的附属管件,这些管件的生产质量、安装过程的工艺精度都会影响管道运行之后的安全可靠性。管道之间衔接的三通位置,受力最为复杂,应力集中且不均匀,选择成品还好,若是现场开口接管焊接的,一旦施工出现瑕疵,管道日后运行过程中便存在可能泄漏的隐患。

(5) 出舱后管段的沉降。

当综合管廊纳入管道种类较多时,整个综合管廊的高度势必增加,此时,往往采用肥槽回填方法。管廊整体结构的沉降量相对较小,而回填土的长期固结使得从管廊引出的分支天然气管道在肥槽内的沉降量较大,两者之间的沉降量差超过限值之后,可能会导致天然气管道的破裂泄漏。

（6）自然灾害。

持续强降雨、泥石流、洪涝等自然灾害会造成雨水灌入综合管廊内,造成管廊壁漏水管道损坏。地震可能会造成管廊内的架空管道滑落或者管廊整体结构遭到破坏。

3.天然气管道舱的通风特点

综合管廊相当于封闭型地下构筑物,廊内天然气管道舱内会产生余热、余湿和泄漏的天然气,需要合理的通风以保障舱室内良好的空气品质,为舱室内巡检人员提供新鲜空气,从而维持舱室内的热湿平衡和天然气管道的安全运行。

天然气管道舱依据长度不超过 200 m 的要求设置防火分区,每个防火分区需要设置多个相对独立的机械送风系统和排风系统,其通风量的确定需要依据通风区间的长度和断面尺寸的大小,同时需要符合《廊规》规定:通风风机要采用防爆型风机,通风口处的出口风速不应大于 5 m/s。正常通风时,每小时换气次数不应小于 6 次;事故通风时,每小时换气次数不应小于 12 次。天然气管道舱室一旦出现事故,探测器监测到超过报警浓度的甲烷气体体积分数时,应立即启动事故段分区及其相邻分区的事故通风设备,并立即关断进出天然气管道舱的紧急切断阀。

4.天然气管道舱的防爆特点

天然气管道属于高危管道,一旦泄漏的天然气与空气混合达到一定浓度比例,遇到火源将会发生爆炸,因此对天然气管道舱的设计需要着重考虑防爆问题。《廊规》中规定天然气管道舱室需要监测温度、湿度、氧气体积分数、甲烷气体体积分数和水蒸气体积分数。

在对泄漏天然气的监测和报警方面,有如下要求:天然气探测器应该与报警控制器串联,当舱室内的甲烷气体体积分数达到报警浓度设定值时,控制器将立刻启动天然气管道舱事故段分区及其相邻分区的事故通风设备。天然气的爆炸极限为 5% ～ 15%（体积分数）,天然气报警浓度上限值不应该大于其爆炸下限值的 20%,即天然气体积分数为 1%。紧急切断浓度上限值不应大于其爆炸下限值的 25%,即天然气体积分数为 1.25% 时应立刻关闭紧急切断阀。监测和报警系统的设置同时应符合国家现行标准《石油化工可燃气体和有毒气体检测报警设计标准》（GB/T 50493—2019）和《火灾自动报警系统设计规范》（GB

50116—2013）的有关规定。

在防范火源方面，天然气管道舱的地面需要采用撞击时不产生火花的材料。引出段的埋地管道、天然气放散管、天然气管道舱室内的附属设备都需要满足防静电、防雷电的要求，线路要接地处理。为了防止火势蔓延，将发生火灾的危险后果降到最低，天然气管道舱需要设置防火分隔和甲级防火门，防火墙的材料应为耐火极限不小于 3.0 h 的不燃性材料，天然气管道穿越防火墙隔断部位应采用防爆胶泥、阻火袋等进行严密封堵。

6.1.3　天然气管道入廊工程实例调研

目前国内正在如火如荼地开展天然气入廊工程项目，海南省海口市是国家第一批试点城市之一，其天然气入廊项目也是全国首例，本小节对海口市天翔路纳入天然气管道的综合管廊进行调研，发现了施工过程中存在的问题及天然气管道舱潜在的风险，为廊内天然气泄漏扩散的研究提供了技术基础。

1.管廊断面设计

海口市天翔路综合管廊位于道路北侧，全长 895 m，综合管廊标准横断面如图6.2 所示。该综合管廊为双舱结构，包括综合舱和天然气管道舱，综合舱包括电力、通信、给水管道。综合舱断面尺寸为 2.9 m×2.8 m，天然气管道舱断面尺寸为2.0 m×2.8 m，天然气管道直径为 DN150。管廊控制中心设于天翔路与心海中路交叉口东北角，也是建成后管廊的主要入口。

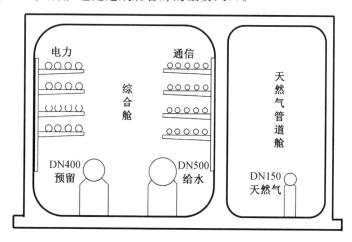

图 6.2　综合管廊标准横断面

图 6.3 为综合舱和天然气管道舱内景，可见在该受限空间内，各种管道采用

架空敷设方式,考虑扩容因素,综合舱还预留了管道卡位。同时,从图中可以看到照明设备等附属设施的安装位置。

综合舱内景　　　天然气管道舱内景

图 6.3　综合舱和天然气管道舱室内景

2.管廊防火分区设置

管廊全长 895 m,规范规定防火分区长度不超过 200 m,该实际工程各个舱室内均划分成 6 个防火分区,防火分区之间以防火墙(耐火极限 3 h)和甲级防火门分隔,管道穿墙处采用防爆胶泥封堵。综合管廊防火分区内景如图 6.4 所示。

综合舱防火分区　　　天然气管道舱防火分区

图 6.4　综合管廊防火分区内景

3.天然气管道建设情况

天然气管道规格为 D159X6,无缝钢管,100％ X 射线探伤。管道外防腐采用 3PE 防腐层。如图 6.5 所示,天然气管道采用支墩敷设,支墩间距 6 m,支墩为混凝土墩,廊外预制。天然气管道采用镀锌扁钢抱箍与支墩固定,接触部位采用橡胶垫保护。

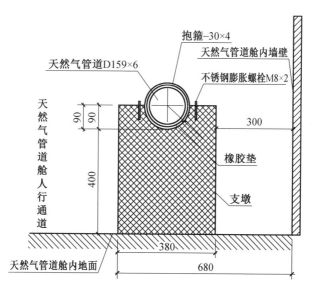

图 6.5　天然气管道安装尺寸(单位:mm)

4.天然气管道舱室关键节点及附属设施

(1)通风口、投料口和逃生口。

如图 6.6 所示,通风口在防火门的两侧就近设置,通风口处设有逃生口。管廊全长设置三个投料口,尺寸为 12 m×1.2 m,并附有逃生口。存在的问题:投料口地面开口和地下二层的天然气管道舱不在同一垂面,单根天然气管道的长度为12 m,和投料口同长,操作空间受限,只能用一根绳索吊管,管道只能倾斜下管,施工难度较大。

(2)引出口和引出埋管段。

引出口的作用是将廊内天然气管道引到廊外,按长度方向不超过 200 m 设置 1 个,与其他道路相交处两侧均设引出口,整个沿线设置 7 处引出口。引出埋管段需要和引出口配套,为管道引接至另一侧提供穿越条件,引出埋管段采用钢筋混凝土内穿钢套管的形式,如图 6.7 所示。管廊内引出口处,引出支管需截断

图 6.6　　通风口及逃生口示意

铸锻焊接穿入预留套管,施工难度较大。

图 6.7　　天然气管道舱引出埋管段

(3) 可燃气体探测器。

《城镇燃气报警控制系统技术规程》(CJJ/T 146—2011) 第 3.3.7 条规定:当天然气输配设施位于密闭或半密闭厂房内,应每隔 15 m 设置一个探测器,且探测器距任一释放源的距离不应大于 4 m。如图 6.8 所示,标准舱室内设置可燃气体探测器,间距不超过 15 m,在通风口、投料口等节点的上层舱室也有设置。存在的问题:由于管道在建还未运行,15 m 的天然气探测器布置间距能否快速合理地监测到泄漏的天然气还有待商榷。

(4) 其他附属设施。

每个防火分区内设置一组防爆电话、氧气探测器、温湿度传感器。每个防火分区内至少设置一台防爆红外网络摄像机,且同一分区内设置间距不大于100 m。与此同时,舱室内每隔 9 m 设两具 5 kg 干粉灭火器。舱室灭火器箱上、防火门两侧、逃生口处均设置 2 套呼吸器。舱室内普通照明灯采用 18 W 单管荧

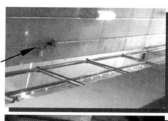

投料口上层的可燃气体探测器

通风口上层的可燃气体探测器

可燃气体探测器

图 6.8　可燃气体探测器安装位置

光灯,应急照明灯采用 18 W 单管荧光灯,在廊顶交错布置;疏散指示灯间距
15 m,在廊壁一侧距地 0.5 m 处布置。

5.天然气管道入廊后的优缺点

通过对规范的研究和实地调研,下面对天然气管道敷设在综合管廊内的优
缺点进行总结分析。

优点:

① 设置在独立舱室内,舱内设有防入侵监控系统,可以监控进入管廊人员
的情况;

② 天然气管道舱设计时已经考虑了检修通道,同时配有专业运维人员,可
避免第三方破坏的情况发生;

③ 廊内天然气管道采用低支架架空敷设,避免了土壤的腐蚀及周边杂散电
流的影响,敷设环境温湿度较稳定,管道服役周期长;

④ 设有监控系统,天然气泄漏后能及时报警,关闭阀门。

缺点:

① 管廊的不均匀沉降容易导致天然气泄漏后串入邻近舱室;

② 天然气泄漏到舱室内,因其属于较为密闭的空间,只能通过排风口排出,
对通风系统要求高;

③ 舱室内空间小,管道的施工投料难度较大;

④ 天然气的放散问题是安全隐患;

⑤ 发生事故时,需要天然气管道及舱室内其他附属设备同时联动才能实现
控制,一旦有哪个环节出现故障会造成严重的后果。

6.2 廊内天然气管道扩散数值模型的建立及求解

6.2.1 物理模型及简化

本书以海口市天翔路综合管廊内的天然气管道舱为研究对象,不考虑舱室之间的相互影响,以长度200 m的防火分区为界,重点考虑沿舱室贯通方向的天然气质量分数分布。由于天然气密度比空气低,忽略天然气向管道下方空间的扩散,在管道正上方建立模型,泄漏孔口设置在管道中间位置,物理模型具体尺寸为200 m×2 m,2 m为天然气管网泄漏口至舱室顶棚的距离。通风口尺寸为1 m×1 m,独立舱室两端为防火墙。具体物理模型如图6.9所示,天然气管道舱室简化为一个独立封闭受限的狭长空间。

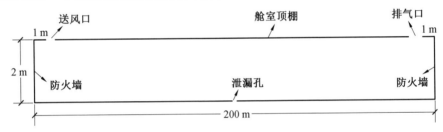

图 6.9 天然气管道舱室简化物理模型

6.2.2 数学模型的建立及求解方法的选择

为简化求解过程,做出如下假设:将天然气和廊内空气的混合气体看作理想气体,流动满足理想气体状态方程;廊内空气与泄漏的天然气混合后呈湍流状态,两者在流动过程中不发生任何化学反应;在泄漏过程中天然气管道压力恒定,即泄漏孔的扩散速度恒定。

综合管廊内泄漏天然气在独立舱室内与空气之间进行对流扩散满足三大守恒定律及无化学反应的组分输运方程。天然气在独立舱室内的泄漏扩散为湍流运动,模拟时选用标准 $k-\varepsilon$ 湍流模型。本书采用有限体积法对控制方程进行离散,应用流场计算方法 SIMPLE 算法进行方程求解。

6.2.3　边界条件

1.初始条件

廊内天然气泄漏扩散的初始条件:$t=0$ 时,泄漏未开始,舱室内充满空气,压力为大气压力,温度为 303 K,天然气质量分数为 0,速度为 0。

2.边界条件

(1) 泄漏孔边界条件。

① 泄漏孔尺寸。

依据美国石油协会规定,管网泄漏根据泄漏孔孔径的大小划分为四个等级:小孔(0 ~ 1/4 in)、中孔(1/4 ~ 2 in)、大孔(2 ~ 6 in)和断裂(> 6 in)。其中,1 in = 2.54 cm。由于在实际工程中天然气泄漏多为小孔泄漏,因此本书考虑泄漏孔孔径为 5 mm。

② 泄漏孔质量流量计算。

通过临界压力比(CPR)来判断泄漏孔处气体流动属于音速流动还是亚音速流动:

$$\text{CPR} = \left(\frac{2}{k+1}\right)^{\frac{k}{k-1}} = 0.548 \tag{6.2.1}$$

当 $p_0/p <$ CPR 时,小孔泄漏的流速可达到音速,天然气泄漏质量流量用下式计算:

$$q = C_0 \frac{\pi d^2}{4} p \sqrt{\frac{kM}{ZRT} \cdot \left(\frac{2}{k+1}\right)^{\frac{k+1}{k-1}}} \tag{6.2.2}$$

式中,q 为天然气泄漏质量流量,kg/s;C_0 为孔口泄漏系数,圆形时取 1;d 为泄漏孔直径,m;p 为管道压力,MPa;T 为天然气温度,K;R 为气体常数,为 8.314 J/(mol·K);M 为甲烷气体摩尔质量,为 0.016 kg/mol;Z 为气体压缩因子,取 1。

经计算,泄漏孔直径为 5 mm,管道压力为 0.8 MPa 时,天然气泄漏质量流量为0.03 kg/s。

(2) 通风口条件。

排气口设置为压力出口,送风口设置为速度入口,计算公式为

$$v = \frac{nV}{3\,600 \times F} \tag{6.2.3}$$

式中,F 为通风口面积,m²;v 为风速,m/s;n 为换气次数,次/h;V 为舱室体积,

m³。

经计算,正常通风(6 次 /h)时风速为 1.87 m/s,最小事故通风(12 次 /h)时风速为 3.74 m/s。

(3) 内部单元区域及表面边界。

泄漏的天然气和舱室内初始状态分布的空气,都是流体,所以内部单元区域为流体类型。本书的研究对象为天然气管道舱室,将舱室顶棚和防火墙设置为wall。

(4) 天然气和空气的物理性质参数。

空气的密度 ρ 为 1.225 kg/m³,运动黏滞系数 ν 为 1.798×10^{-5} Pa·s,比热容 k 为 1.4 kJ/(kg·K);天然气的温度设置为 288 K,密度 ρ 为 0.763 kg/m³,运动黏滞系数 ν 为 1.050×10^{-5} Pa·s,比热容 k 为 1.29 kJ/(kg·K)。

6.3　廊内天然气管网泄漏扩散影响因素分析

6.3.1　小孔泄漏模拟结果分析

选取泄漏孔直径 $d = 10$ mm 的模型,泄漏初速度取为 100 m/s,模拟无通风时舱室内天然气泄漏扩散分布状况,此时舱室两头接近防火分隔处的通风口设为压力出口,自然出流。下面通过分析舱室内天然气的质量分数分布、扩散流线、扩散速度随时间的变化,阐述天然气小孔泄漏扩散的特点。

1.天然气质量分数分布随时间的变化分析

独立舱室中天然气的泄漏扩散伴随着质量、动量的传递交换,舱室内天然气质量分数分布、扩散速度的变化规律随泄漏时间的推移发生变化。将模拟结果导入 Tecplot 里面进行等值线图的绘制。图 6.10 为无通风时不同时刻舱室内天然气泄漏扩散状况。可以看出,泄漏时间为 1 s 时,天然气从小孔高速射流到独立舱室内,呈球状分布,横向扩散距离为 2.5 m;泄漏时间为 5 s 时,天然气呈火山喷发状在舱室内扩散,横向扩散距离为 17 m;泄漏时间为 10 s 时,天然气的扩散范围继续加大,从横坐标可以看出,此时天然气的横向扩散距离为 26 m;泄漏时间为 20 s 时,舱室内天然气横向扩散最远距离为 42 m。

综合管廊内天然气一旦发生泄漏,遇到火源会造成很严重的后果,对待天然气管道事故需要做到分秒必争,对天然气的监测需要做到快速而精准,因此需要详细研究天然气在管网泄漏孔附近的扩散分布规律及影响因素。《城镇燃气报警控制系统技术规程》(CJJ/T 146—2011) 中规定:"当天然气输配设施位于密

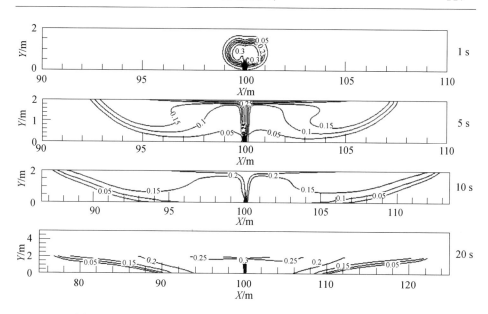

图 6.10   小孔泄漏无通风时不同时刻舱室内天然气泄漏扩散状况

闭或半密闭厂房内,应每隔 15 m 设置一个探测器,且探测器距任一释放源的距离不应大于 4 m。"如果按照此规范规定的上限值,两测点间距上限值是 15 m。

为此,如图 6.11 所示,以两个天然气探测器最不利布置间距 15 m 为限值,以泄漏孔为中心,依据 200 m 独立舱室内天然气泄漏的模拟结果,选取 1 截面至 2 截面共计 15 m 长的天然气管道舱室作为分析对象,进行小孔泄漏时泄漏孔附近天然气质量分数分布的分析。其中,1 截面对应的 200 m 独立舱室的位置是泄漏中心左侧 7.5 m,2 截面对应的 200 m 独立舱室的位置是泄漏中心右侧 7.5 m。

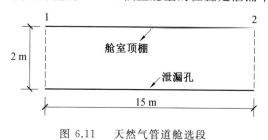

图 6.11   天然气管道舱选段

图 6.12 为小孔泄漏不同时刻泄漏孔附近天然气质量分数分布云图。从该图中可以看出,天然气从管道小孔高速泄漏后,在浮力作用下扩散至舱室顶棚处后贴附顶棚壁面向两侧流动,受到重力作用,向舱室下部空间扩散。

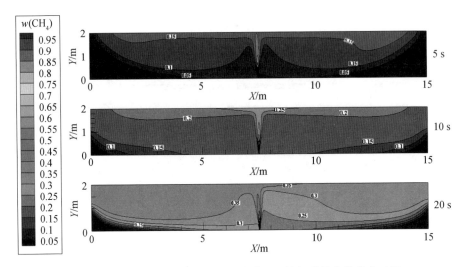

图 6.12　　小孔泄漏不同时刻泄漏孔附近天然气质量分数分布云图

图 6.13 为图 6.12 对应的天然气质量分数分布等值线图。泄漏时间为 5 s 时,在 15 m 的天然气管道舱选段中,天然气的质量分数为0.1～0.15;泄漏时间为 10 s 时,天然气的质量分数为 0.15～0.25;泄漏时间为 20 s 时,天然气的质量分数为 0.25～0.35。

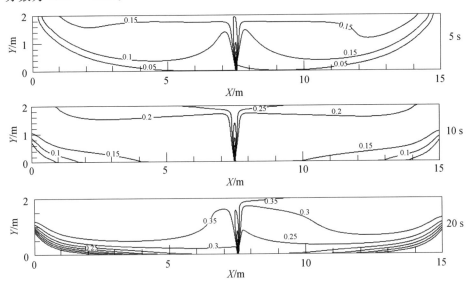

图 6.13　　小孔泄漏不同时刻泄漏孔附近天然气质量分数分布等值线图

随着天然气管网泄漏的持续进行,天然气的横向扩散范围不断增大,扩散云图以泄漏孔所在的中轴线为对称轴,左右两侧几乎呈对称分布。舱室中天然气质量分数分布呈现分层分布的特点,上半部空间天然气质量分数较高,下半部空间天然气质量分数较低。舱室内同一位置处的天然气质量分数随泄漏时间的增加而升高。

2.天然气扩散流线随时间的变化分析

图 6.14 为小孔泄漏不同时刻天然气扩散流线图。管网泄漏出的天然气高速射流进入独立舱室内,与舱室内静止的空气进行质量、动量的交换,扩散过程中天然气扩散流线随时间发生变化。

泄漏时间为 1 s 时,由于孔口附近较高的泄漏初速度与舱室内静止的空气之间存在速度梯度,与空气进行质量、动量的交换,天然气径向扩散至顶棚壁面后,向两侧呈放射状扩散流动。随着泄漏时间的增加,泄漏孔处的小涡旋横向逐渐扩大,进而在整个受限空间由泄漏孔径向两侧形成密集的大涡旋环。随着泄漏时间的继续增加,天然气和空气不断掺混,涡旋环不断膨胀,天然气在独立舱室内的泄漏扩散流线呈现稳定趋势。

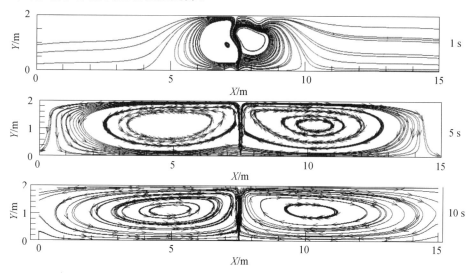

图 6.14　小孔泄漏不同时刻天然气扩散流线图

3.天然气扩散速度随时间的变化分析

图 6.15 为小孔泄漏不同时刻天然气流速分布图,是由 Tecplot 导出的等值线图,线上数值表示天然气流速大小,单位为 m/s。

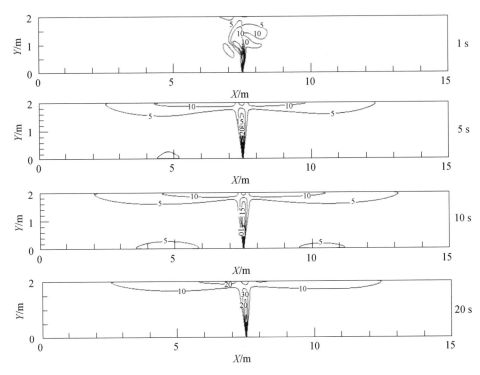

图 6.15　　小孔泄漏不同时刻天然气流速分布图

　　泄漏时间为 1 s 时,天然气由泄漏孔高速射流而出,径向速度在快速衰减,从泄漏孔处的 100 m/s 到管道上方 1 m 处迅速降低到 10 m/s,至顶棚处时几乎降低到 5 m/s。这是由于天然气与空气发生对流,受到空气阻力及自身重力的作用使得流速衰减很快。泄漏时间为 5 s 时,到达顶棚处的天然气向舱室两端扩散,扩散流速在 5 m/s 到 10 m/s 之间。泄漏时间为 5 s 到 10 s 时的天然气流速分布变化不大,泄漏时间为 10 s 到 20 s 时,顶棚附近的天然气流速从 10 m/s 增加到 20 m/s,表明随着泄漏时间的增加,舱室空间中天然气的流速也呈上升趋势。如图 6.15 所示,泄漏孔正上方位置流速不断降低,形成的速度边界层,离泄漏中心越近速度越高;泄漏孔两侧距离顶部越近的位置天然气流速越高。

　　对比不同泄漏时间的天然气流速等值线图发现,从 5 s 之后,天然气在独立舱室内的流速呈现分层现象,上层高,下层低。这是由于天然气和其他流体一样具有黏性,泄漏后的流动属于湍流流动,流动过程中形成涡旋,不规则的流动使得流体微团横向进行着质量、动量的交换,从而形成一个速度的梯度和边界层。随着泄漏时间的增加,流速等值线形状不发生改变,天然气的流速分布趋于稳定状态,但是随着时间增加,舱室空间内的天然气流速呈增加的趋势。

6.3.2　大孔泄漏模拟结果分析

本小节以泄漏孔径 40 mm、扩散速度为 100 m/s 的天然气管道为例,同样选取中间的 15 m 舱室空间作为分析对象,分析此时舱室内泄漏孔附近的天然气的质量分数分布、扩散流线和扩散速度随时间的变化,阐述独立舱室内天然气大孔泄漏扩散的特点。

1.天然气质量分数分布随时间的变化分析

图 6.16 为大孔泄漏不同时刻泄漏孔附近天然气质量分数分布云图。当泄漏孔为大孔(40 mm)时,从云图颜色可以明显发现:大孔泄漏时,由于泄漏孔的增大,相同时间的泄漏量增大,天然气的扩散作用更强,紊流程度增大,舱室内泄漏孔附近的天然气瞬间就高质量分数聚集,泄漏时间为 10 s 时,天然气质量分数分层现象不明显。大孔泄漏时,天然气扩散至舱室顶棚后向舱室中下部空间扩散的作用明显加强,随着泄漏时间的增加,没有采用合理通风措施的话,天然气将很快充满整个独立舱室,危险程度大大增加。

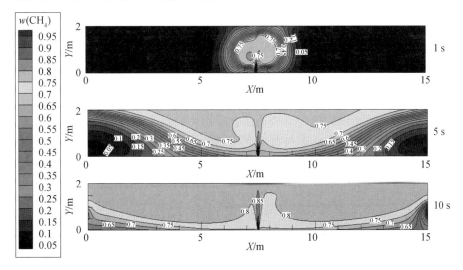

图 6.16　大孔泄漏不同时刻泄漏孔附近天然气质量分数分布云图

如图 6.17 所示,大孔泄漏时,泄漏孔附近天然气质量分数短时间就达到很高的数值,泄漏时间为 1 s 时在泄漏孔上方 1 m 处形成直径 0.5 m 左右的球形天然气云团,云团处的天然气质量分数为 0.75;泄漏时间为 5 s 时,舱室顶部壁面处的天然气质量分数可达 0.75,占据近 1/3 的所研究的舱室空间;泄漏时间为 10 s 时,上层的天然气质量分数可达 0.8 ~ 0.85,几乎充满 3/4 的空间所研究的舱室。

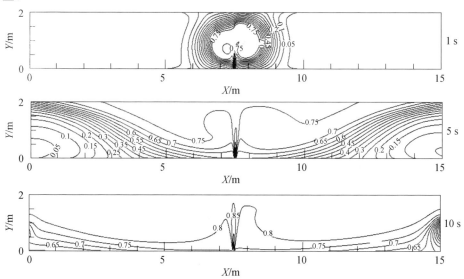

图 6.17　　大孔泄漏不同时刻泄漏孔附近天然气质量分数分布等值线图

大孔泄漏时,由于天然气从较大的孔隙中成股高速流出,扩散作用从射流根部就很明显,相邻天然气质量分数层之间的距离明显缩短,质量分数等值线的分布更加密集,随泄漏时间的增加,天然气质量分数边界层很快向下层空间扩散直至消失,上层达到同一质量分数。

2.天然气扩散流线随时间的变化分析

图 6.18 为大孔泄漏不同时刻天然气扩散流线图。与小孔泄漏时一样,高速射流而出的天然气与舱室内静止的空气发生强烈掺混,流线以泄漏孔中心为轴线向两侧呈涡旋状,随着泄漏时间的不断增加,涡旋逐渐扩大。不同于小孔泄漏时先径向扩散至顶棚处再向两侧流动的特点,大孔泄漏时,天然气在泄漏孔上方 1 m 左右处就开始向舱室两端扩散,表明大孔泄漏时,天然气的紊流作用更强烈,径向扩散作用减弱,横向扩散的作用更明显。

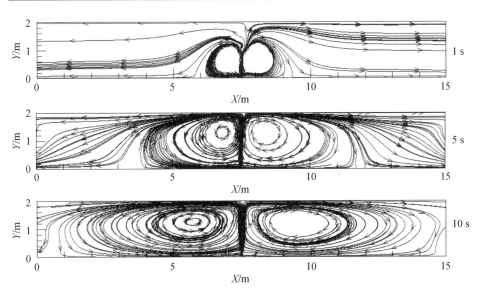

图 6.18　大孔泄漏不同时刻天然气扩散流线图

3.天然气扩散速度随时间的变化分析

图 6.19 为大孔泄漏不同时刻天然气流速分布图。大孔泄漏时天然气在舱室内的流速分布比较紊乱,在扩散作用下,天然气径向流速衰减较快,泄漏时间

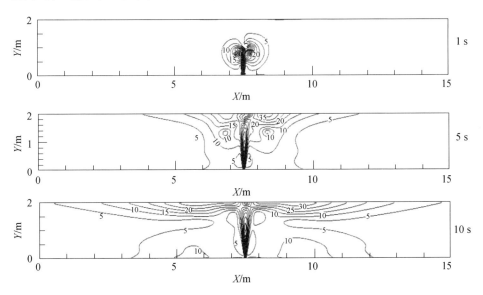

图 6.19　大孔泄漏不同时刻天然气流速分布图

为 1 s 时未达到舱室顶棚壁面,横向流速增大;同样,随着泄漏时间的增加,天然气的泄漏量增大,舱室内天然气的流速分布也有分层的现象,也是上层较大,但是不再像小孔泄漏时那样流速等值线分布状态稳定不变,表明大孔泄漏时,紊流作用更强,舱室内的天然气扩散更为复杂。

6.3.3　不同泄漏孔径对天然气扩散的影响

本小节研究不同泄漏孔径对天然气扩散的影响,模拟分析泄漏孔径分别为 5 mm、10 mm、20 mm、40 mm 时,泄漏孔附近天然气质量分数随时间变化的规律。其中,5 mm 和 10 mm 属于小孔,20 mm 为小孔和大孔的临界值,40 mm 为大孔。

图 6.20 为 $t=5$ s 时不同泄漏孔径下天然气质量分数分布情况。当 $t=5$ s,泄漏孔径为 5 mm 时,舱室内天然气的横向扩散范围为 5 m 左右,舱室顶部壁面的天然气质量分数为 0.3;泄漏孔径为 10 mm 时,泄漏时间为 5 s 时天然气最远扩散距离为 15 m,舱室顶部壁面的天然气质量分数为 0.15。对比两种小孔泄漏,10 mm 的泄漏孔径下,天然气的扩散范围更大,同一时间的舱室顶部壁面处

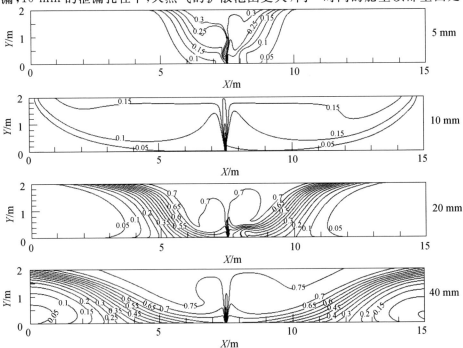

图 6.20　$t=5$ s 时不同泄漏孔径下天然气质量分数分布情况

的天然气质量分数偏小,扩散更均匀,所研究的舱室选段内天然气分层分布的现象比较明显。

　　20 mm 的泄漏孔径为大孔和小孔的临界值,当 $t = 5$ s,泄漏孔径为 20 mm 时,泄漏孔附近 5 m 左右的上部空间天然气不分层分布了,该位置天然气的质量分数为 0.7,此时天然气的分布规律更接近大孔($d = 40$ mm) 的。

　　图 6.21 为 $t = 10$ s 时,不同泄漏孔径下天然气质量分数分布情况。可以发现,随着泄漏时间的增加,任何泄漏孔径下天然气在舱室内的扩散范围都增大,同一位置处的天然气质量分数增大。

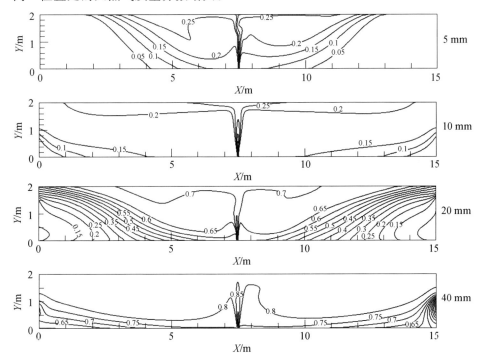

图 6.21　$t = 10$ s 时不同泄漏孔径下天然气质量分数分布情况

　　对比不同泄漏孔径下舱室内天然气质量分数分布状况发现,相同时间,泄漏孔径越大天然气的扩散范围越大,小孔泄漏时舱室内天然气的质量分数分层现象比较明显,大孔泄漏时舱室内天然气质量分数也会分层,也是上层较大、下层较小,但是大孔泄漏时随泄漏时间增加,分层线逐渐增多且下移,如果得不到有效的通风天然气将会快速布满整个独立舱室。与此同时,还发现在天然气管道舱内,泄漏孔径为 20 mm 时,舱室内的天然气分布更接近大孔泄漏的。

6.3.4　不同扩散速度对天然气扩散的影响

本小节研究不同扩散速度对天然气扩散的影响,模拟分析泄漏孔径为 10 mm,扩散速度分别为 50 m/s,100 m/s,150 m/s 时,泄漏孔附近天然气质量分数分布情况随时间变化的规律。图 6.22 为 $t=10$ s 时不同扩散速度下天然气质量分数等值线图。扩散速度为 50 m/s 时,天然气的横向扩散范围为 11 m,舱室顶棚壁面处的天然气质量分数为 0.25;扩散速度为 100 m/s 时,天然气的横向扩散范围增大,舱室顶棚壁面处的天然气质量分数为 0.2 ～ 0.25;扩散速度为 150 m/s 时,舱室内上部空间天然气质量分数分层不明显,天然气的质量分数为 0.35 ～ 0.4。

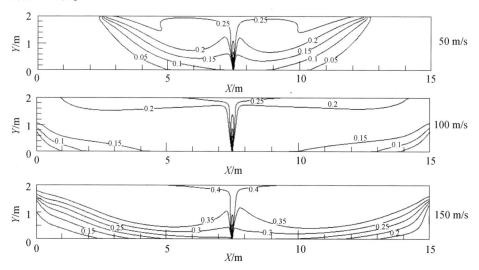

图 6.22　$t=10$ s 时不同扩散速度下的天然气质量分数等值线图

同一泄漏时间下,随着扩散速度的增大,独立舱室内的天然气的扩散作用明显增强,天然气扩散范围明显增大,质量分数等值线下移且包络范围扩大,独立舱室内同一位置处的天然气质量分数不断增大。

6.3.5　不同通风速度对天然气扩散的影响

为了保证天然气管道的安全运行,天然气管道舱室必须设有通风装置。下面将模拟不同的通风速度对舱室内泄漏孔附近天然气扩散分布的影响。本书将独立舱室送风口设置在靠近舱室右端防火隔断的顶部,排气口设置在左侧。

图 6.23 为 $t=1$ s 时不同风速下天然气质量分数等值线图。与标准工况图

6.10 中泄漏时间为 1 s 的等值线图对比,可以明显地发现:无通风时,天然气以孔口为中心呈小球状对称分布;有通风时,天然气明显向泄漏孔左侧(下风向)偏移扩散,呈蜗牛状。

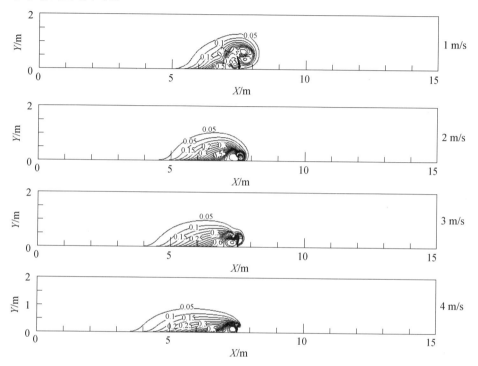

图 6.23 $t = 1$ s 时不同风速下天然气质量分数分布等值线图

当泄漏时间为 1 s,风速为 1 m/s 时,径向扩散高度到泄漏孔上方 1.5 m 处,横向扩散至泄漏孔左侧 2.5 m 处,泄漏孔右侧 0.7 m 处风速最大;风速为 4 m/s 时,天然气几乎不再向泄漏孔右侧扩散,向左侧扩散至泄漏孔左侧 4 m 处。可见,风速对独立舱室内泄漏天然气扩散分布有很大的影响,风速越大,天然气向泄漏孔左侧的扩散范围越大。

图 6.24 为泄漏时间为 10 s 和 20 s 时不同通风速度下天然气质量分数分布等值线图。当泄漏时间为 10 s,风速为 1 m/s 时,泄漏孔左侧的天然气质量分数为 0.3,向泄漏孔右侧扩散至 4 m,天然气质量分数在 0.05 ~ 0.15 范围内;风速为 3 m/s 以后,天然气气流全部向左侧扩散。风速为 1 m/s 时,天然气向泄漏孔右侧扩散至 7 m;风速大于 3 m/s 时,天然气不向舱室右端扩散。

无通风时,天然气在独立舱室内泄漏后呈对称分布;有通风时,天然气明显向下风向偏移扩散。由于天然气的扩散速度比较大,风速为 1 m/s 时,在风力作

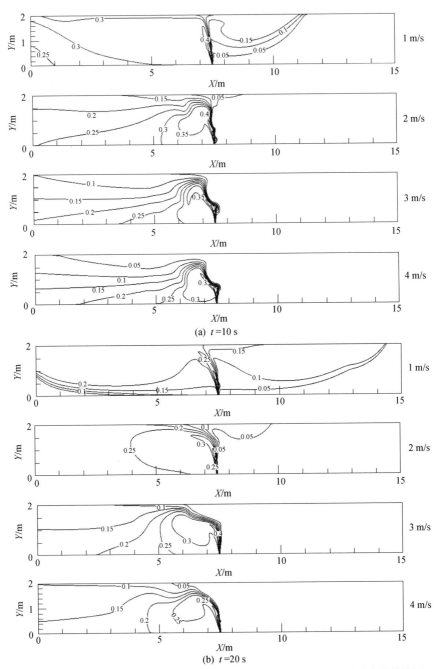

(a) $t=10$ s

(b) $t=20$ s

图 6.24　泄漏时间为 10 s 和 20 s 时不同通风速度下天然气质量分数分布等值线图

用下,某些时刻反而会使舱室左侧的天然气质量分数比无通风时大;当风速增加到 3 m/s 时,天然气向泄漏孔左侧扩散偏移的程度加大且天然气质量分数减小,右侧舱室内几乎没有扩散的天然气。这表明风速越大,通风效果越好。也就是说,如果天然气管道舱室有良好的通风设计,天然气管道发生泄漏后也可以及时地将天然气排出舱室。可见,合理的通风设计对综合管廊内天然气管道舱的安全运行具有重要意义。

6.4　廊内天然气体积分数监测方案及危险性分析

6.4.1　舱室内天然气体积分数监测方案

天然气等可燃气体与空气在一定的体积分数范围内混合均匀,遇到火源会发生爆炸,这个体积分数范围就是常说的爆炸极限。天然气的主要成分是甲烷,甲烷的爆炸极限是 5% ～ 15%(体积分数)。这里,5% 称为甲烷的爆炸下限,当甲烷气体体积分数低于 5% 时,不会发生爆炸也不会着火,这是因为甲烷的体积分数不够大,过量空气的冷却作用阻止了火焰的蔓延;15% 为甲烷的爆炸上限,当甲烷气体体积分数高于 15% 时,不会爆炸但是会燃烧,这是因为空气不足致使火势无法蔓延。

为了保证综合管廊内管道的安全运行,天然气管道舱室需要设置天然气探测器和报警系统,一旦天然气管道发生泄漏,探测器监测到超过报警体积分数的天然气时,应立即启动事故段分区及其相邻分区的事故通风设备,并立即关断进出天然气管道舱管道上的紧急切断阀。《廊规》中指出:天然气报警浓度的上限值不应大于其爆炸极限下限值的 20%。也就是说,天然气管道舱室报警浓度的设定值为天然气体积分数 1%。将甲烷气体体积分数超过 1% 的分布范围称为"危险区域"。

《廊规》中没有明确规定天然气管道舱内天然气探测器的布置间距,相关规范《城镇燃气报警控制系统技术规程》(CJJ/T 146—2011)中规定:"当燃气输配设施位于密闭或半密闭厂房内,应每隔 15 m 设置一个探测器,且探测器距任一释放源的距离不应大于 4 m。"该规范同时规定,对于商业或工业用气场所,多个天然气探测器布置时应满足相关要求,见表 6.2。

表 6.2　　多个探测器的设置　　　　　　　　单位：m

天然气种类	探测器与释放源中心水平距离 L_1	两探测器间的距离 F	探测器与地面距离 H	探测器与顶棚距离 D	探测器与通风口及门窗距离 L_2
天然气	$1 \leqslant L_1 \leqslant 7.5$	$F \leqslant 15$	—	$D \leqslant 0.3$	$0.5 \leqslant L_2$

舱室内天然气体积分数最高的位置率先出现在舱室顶部壁面附近，同时参考实际工程中的天然气探测器布置，在舱室顶部下方 0.1 m 处选取天然气体积分数监测点。

在泄漏孔中心两侧每隔 3 m 布置一个天然气探测器，共选取 7 个测点，以泄漏孔左端 7.5 m 的位置为起点，分别为 $a(0,1.9)$、$b(3,1.9)$、$c(6,1.9)$、$d(7.5,1.9)$、$e(9,1.9)$、$f(12,1.9)$、$g(15,1.9)$。其中，测点 d 在泄漏孔轴线正上方。探测器与释放中心的水平距离最远为 7.5 m，两个探测器之间的最远的距离为 15 m，测点 a 和测点 e 距离两侧通风口距离都远远大于 0.5 m，测点与顶棚的垂直距离为 $D = 0.1$ m，测点的设置均满足规范要求。

从图 6.25 中可以清晰看出每个测点何时达到天然气的报警体积分数、爆炸下限和爆炸上限。舱室内泄漏孔轴线上方测点 d 在 0.5 s 时达到报警体积分数和爆炸下限，泄漏孔左右水平距离 1.5 m 的两个测点 c 和 e 的报警时间为 1 s，水平距离为 4.5 m 的两个测点 b 和 f 的报警时间为 2.5 s，水平距离为 7.5 m 的两个测点的报警时间为 5 s。该工况下，所有测点浓度达到天然气爆炸极限范围不超过 0.5 s，可以说在瞬间完成。

由于天然气的报警体积分数值很小，且天然气管道舱为一个独立的密闭受限空间，几乎就是天然气扩散到位置就会被监测到。天然气管道舱一旦发生天然气泄漏的事故，就应该做到分秒必争，为了缩短报警时间，需要减小天然气探测器的布置间距，加密布置；同时需要考虑经济性，天然气探测器的寿命一般为 3～5 年，而天然气管道的设计年限通常为 30 年左右，因此独立舱室内的天然气探测器需要多次更换，过密的布置会造成成本增高。

由于入廊天然气管道为高危管道，为了及时监测到泄漏的天然气，本书暂不考虑经济因素，以 3 m 的间距布置天然气探测器，以此为基础对后文不同因素影响下的报警时间展开分析。

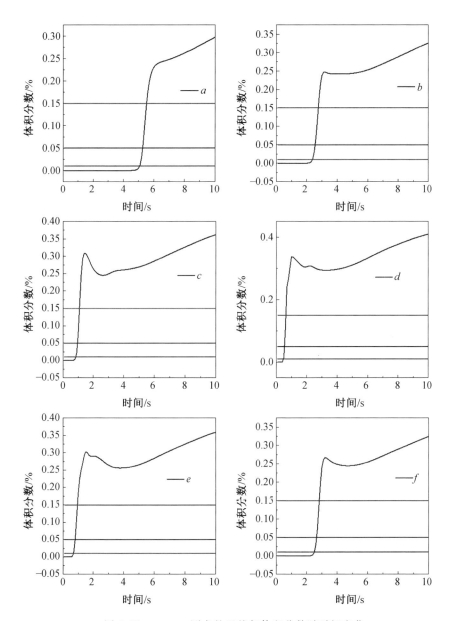

图 6.25　$a \sim g$ 测点的天然气体积分数随时间变化

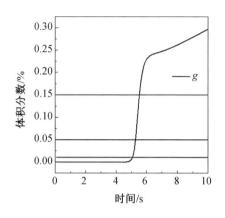

续图 6.25

6.4.2　不同影响因素下危险区域的划分

6.4.1 节将天然气管道舱内的"危险区域"定义为天然气体积分数超过报警体积分数(天然气的体积分数的 1%)的区域,本小节将考虑在不同泄漏孔径、不同扩散速度、不同通风速度下天然气管道舱室的危险区域。

1.不同泄漏孔径下的危险区域

以泄漏初速度为 100 m/s,无通风,小孔泄漏 $d = 5$ mm 和大孔泄漏 $d = 40$ mm 的工况作为对比研究对象,针对 $t = 10$ s 和 $t = 30$ s 的泄漏时间,将模拟结果导入 Tecplot 软件进行等值线云图的处理,分析此时天然气管道舱的危险区域。

如图 6.26 所示,泄漏时间 10 s,泄漏孔径 5 mm 时天然气管道舱的危险区域半径为 6 m,泄漏孔径 40 mm 时天然气管道舱的危险区域半径为 21 m。泄漏时间 30 s 时,泄漏孔径 5 mm 时天然气管道舱的危险区域半径为 13 m,泄漏孔径 40 mm 时天然气管道舱的危险区域半径为 53 m。 相同泄漏时间,泄漏孔径越大,天然气管道舱的危险区域就越大。

2.不同扩散速度下的危险区域

以泄漏孔径为 10 mm,无通风,扩散速度分别为 50 m/s 和 150 m/s 的工况作为对比研究对象,选取 $t = 30$ s 和 $t = 60$ s 的泄漏时间,将模拟结果导入 Tecplot 软件进行等值线云图的处理,分析此时天然气管道舱的危险区域。

如图 6.27 所示,泄漏时间 30 s,扩散速度为 50 m/s 时天然气管道舱的危险区域半径为 12 m,扩散速度为 150 m/s 时天然气管道舱的危险区域半径为 23 m。泄漏时间 60 s,扩散速度为 50 m/s 时天然气管道舱的危险区域半径为

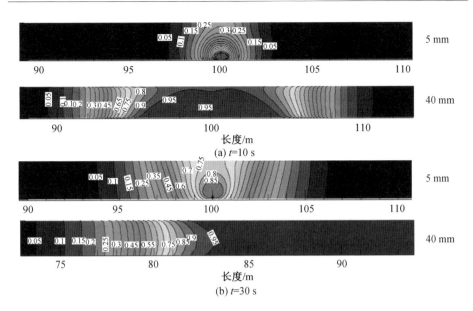

(a) t=10 s

(b) t=30 s

图 6.26　不同泄漏孔径下的危险区域

23 m,扩散速度为150 m/s时天然气管道舱的危险区域半径为 41 m。相同泄漏时间,扩散速度越大泄漏孔附近的天然气体积分数越高,天然气管道舱室的危险区域范围就越大。

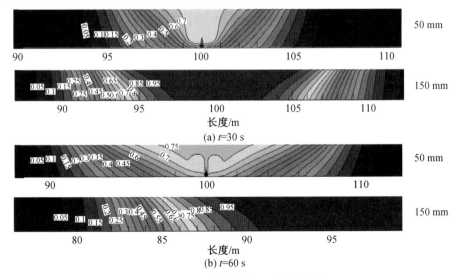

(a) t=30 s

(b) t=60 s

图 6.27　不同扩散速度下的危险区域

3.不同通风速度下的危险区域

以泄漏孔径为 10 mm,扩散速度为 100 m/s,右侧通风口速度分别为 2 m/s 和 3 m/s 的工况作为对比研究对象,选取 $t=10$ s,$t=30$ s 和 $t=60$ s 的泄漏时间。由于在通风的作用下,舱室内泄漏孔右侧几乎没有天然气,因此仅分析管道舱泄漏孔左侧的危险区域。

如图 6.28 所示,泄漏时间 10 s,风速为 2 m/s 时天然气管道舱的危险区域半径为 14 m,风速为 3 m/s 时天然气管道舱的危险区域半径为 21 m。泄漏时间 30 s,风速为 2 m/s 时天然气管道舱的危险区域半径为 41 m,风速为 3 m/s 时天然气管道舱的危险区域半径为 62 m。泄漏时间 60 s,风速为 2 m/s 时天然气管道舱的危险区域半径为76 m,风速为 3 m/s 时天然气管道舱的左侧几乎都是危险区域。相同泄漏时间,通风速度越大,管道舱同一位置处的天然气体积分数越小,但天然气管道舱左侧的危险区域随通风速度的增大而增大。

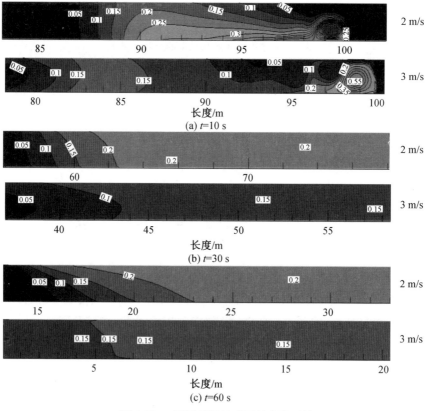

图 6.28   不同通风速度下的危险区域

6.5　廊内天然气管道燃烧爆炸机理

天然气在独立舱室内泄漏扩散,如果不能及时地进行通风,在舱室内积聚到达一定体积分数后遇火源就会燃爆,这将产生严重的后果。本节采用 TNT 当量计算法对天然气管道舱室内发生爆炸的后果进行预测分析。

6.5.1　火源的存在

综合管廊为地下构筑物,一旦发生火灾,扑救难度大,后果严重。《廊规》中有强制条文:天然气管道在舱室火灾危险性类别中为甲级。由于管道在舱室内架空敷设,没有土壤的阻隔,管道暴露在空气之中。6.1.2 小节已经详细介绍了导致廊内天然气管道发生泄漏的危险因素,下面将重点介绍综合管廊内存在的潜在火源,以电力线路为例详细分析其可能起火的原因。

天然气管道舱室的火源包括照明设备、电气自动控制、通信光缆、电力电缆等。照明灯设备产生的静电可能会摩擦产生电火花,成为火源。管廊内的各类管道中具有自身起火可能性的是电力线路。而电力线路成为火源的主要原因如下。

(1)接触不良。

输电电缆通常是由单位长度的电缆通过连接接头而形成的长距离导电体。若电缆接头处的两根电缆连接不紧实,将造成接头处局部接触不良、电阻增大,从而导致接头处过热,容易引起燃烧。

(2)相间短路。

不同相位的电缆之间存在电位差,若由电位差形成短路放电现象,会导致电缆局部升温而发生火灾。

(3)对地短路。

电缆与大地之间形成短路放电。

(4)线路过载。

当输电线路超载时,电缆中通过的电流超过了限值之后,可能促使电缆温度升高而起火。

6.5.2　天然气燃烧爆炸机理

天然气燃烧爆炸的必要条件:① 适当体积分数范围的天然气;② 氧气源;③ 点火源。天然气爆炸过程特征:① 放热。天然气由于燃烧反应释放大量的热,这些热量传递给未燃烧的天然气使其温度升高达到着火点而被点燃。② 反应速率快。天然气燃烧过程反应速率较慢,与外界发生传热传质,然而爆炸过程几乎在瞬间完成,化学反应速率极高。

天然气的主要成分为甲烷,本书用甲烷代替天然气进行模拟分析。廊内独立舱室中一旦发生管网泄漏,天然气与舱室内的空气发生对流扩散,当两者混合达到一定的体积分数比例后,遇到高温火源将燃烧甚至发生爆炸。甲烷燃烧时的化学反应方程式如下:

$$CH_4 + 2O_2 \longrightarrow CO_2 + 2H_2O + 833.28 \text{ kJ/mol} \tag{6.5.1}$$

通过化学反应方程式可以看出,天然气燃烧过程释放大量的热,由方程式系数比可以看出,该反应完全反应时消耗的甲烷和氧气体积比为 1∶2。已知空气中氧气体积分数为 21%,氮气体积分数为 78%,1 体积的氧气换算成所占空气的体积为 $2(1+79/21)=9.52$ 体积,天然气发生完全化学反应,甲烷的体积分数为 $1/(1+9.52) \times 100\% = 9.5\%$,此时燃烧爆炸最为剧烈。

天然气发生爆炸绝不是上述方程表达得那么简单,其反应机理是很复杂的,天然气的爆炸过程是由一系列基元的自由基的连锁反应构成的复杂链式反应。链式反应包括支链反应和直链反应两种。甲烷在空气中的反应属于支链反应,其特征是反应过程中一个自由基能生成一个以上的自由基。自由基是化学反应过程中最活跃的组分。甲烷链式反应由链引发(甲烷的氧化反应)、链传递包括链分支(分子与基团反应)和链终止三个阶段组成。链传递是自由基保持守恒的过程,链分支是自由基分解重组增加的过程,链载体数目增加促使燃烧反应的持续进行,如此循环导致爆炸。

6.5.3 TNT 当量计算

目前,国内外研究人员提出了几种爆炸模型为爆炸后果提供预测,包括TNT 当量法、TNO 多能模型、球形火焰模型、CFD 数值模拟方法。本书采用TNT 当量法。TNT 当量法是将蒸气云爆炸的破坏作用转化成 TNT 爆炸的破坏作用,从而将蒸气云的量转化成 TNT 当量。该计算过程简单高效,但是对爆炸波及范围的测算不够精确。

TNT 当量法计算方法有两种:当考虑了实际的泄漏扩散过程,计算得到燃烧范围内的天然气质量时,采用式(6.5.3);不考虑天然气的泄漏扩散过程时,设定一定比例的天然气参与爆炸,采用式(6.5.4)。

$$W_f = \rho_g \cdot q \cdot t \tag{6.5.2}$$

$$W_{TNT} = aW_f \frac{Q_f}{Q_{TNT}} \tag{6.5.3}$$

式中,W_f 为泄漏到空气中的燃料质量,kg;t 为泄漏持续时间,s;ρ_g 为天然气的密度,kg/m³;q 为泄漏孔处天然气的质量流量,m³/s;W_{TNT} 为蒸气云爆炸事故的当量 TNT 质量, kg; Q_f 为燃料的燃烧热, J/kg; Q_{TNT} 为 TNT 的爆炸热(一般取值 4.12 ~ 469 MJ/kg); a 为蒸气云当量系数(平均值为 4%)。

$$W_{TNT} = W'_f \frac{Q_f}{Q_{TNT}} \tag{6.5.4}$$

式中, W'_f 为蒸气云中处于燃烧范围的燃烧质量, kg。

本书选用第一种方法计算 TNT 当量。计算过程如下:取小孔径泄漏, d = 10 mm, 扩散速度为 100 m/s, 此时泄漏的体积流量为 7.85×10^{-3} m³/s, 代入式 (6.5.2), 即可求解出不同泄漏时间下的天然气泄漏的质量 W_f, 代入式(6.5.3)得出独立舱室内天然气泄漏 180 s 内每隔 10 s 的 TNT 当量, 不同泄漏时间下的 TNT 当量见表 6.3。

表 6.3 不同泄漏时间下的 TNT 当量

泄漏时间 /s	泄漏天然气质量 /kg	TNT 当量 /kg
10	0.060 0	0.029 5
20	0.119 9	0.059 0
30	0.179 9	0.088 5
40	0.239 9	0.118 0
50	0.299 9	0.147 5
60	0.359 8	0.177 1
70	0.419 8	0.206 6
80	0.479 8	0.236 1
90	0.539 8	0.265 6
100	0.599 7	0.295 1
110	0.659 7	0.324 6
120	0.719 7	0.354 1
130	0.779 7	0.383 6
140	0.839 6	0.413 1
150	0.899 6	0.442 6
160	0.959 6	0.472 1
170	1.019 6	0.501 7
180	1.079 5	0.531 2

6.5.4　冲击波压力计算

根据上文计算得到的 TNT 当量,可以计算出距离爆炸中心不同位置处所产生的冲击波超压的大小。舱室内天然气体积分数在管网泄漏孔处最高,考虑实际过程中,天然气管道在舱室内架空敷设,假定泄漏孔位于管道正上方,以泄漏位置为中心,冲击波产生的压力在舱室内各个位置处不尽相同,因此需要引入等效距离 Z,Z 的计算式为

$$Z = \frac{R}{(W_{\text{TNT}})^{1/3}} \tag{6.5.5}$$

式中,Z 为等效距离,m;R 为离爆炸中心处的距离,m;

泄漏时间 60 s 时,TNT 当量为 0.177 1 kg,此时距离泄漏孔 1.5 m 的位置,等效距离的计算为

$$Z = \frac{R}{(W_{\text{TNT}})^{1/3}} = \frac{1}{(0.177\ 1)^{1/3}} = 2.671\ 29\ (\text{m/kg}^{1/3}) \tag{6.5.6}$$

可燃气体爆炸时在等效距离 Z 上产生的冲击波计算式为

$$\Delta p = 100\alpha Z^{\beta} \tag{6.5.7}$$

式中,α、β 为系数,受冲击波压力和等效距离影响。α、β 的取值与 Z 和 Δp 的关系见表 6.4。

表 6.4　α、β 的取值与 Z 和 Δp 的关系

$Z/(\text{m} \cdot \text{kg}^{-1/3})$	$2.0 \sim 3.68$	$3.68 \sim 7.92$	$7.92 \sim 29.80$	> 29.80
$\Delta p/\text{kPa}$	$65 \sim 400$	$20 \sim 65$	$3.6 \sim 20$	$0.25 \sim 3.6$
α	11.54	6.91	3.23	4.20
β	-2.06	-1.97	-1.32	-1.40

由上表选出 $\alpha = 11.54$,$\beta = -2.06$。

$\Delta p = 100\alpha Z^{\beta} = 100 \times 11.54 \times 2.671\ 29^{-2.06} = 152.461\ 6\ (\text{kPa})$

即当独立舱室内的天然气管网泄漏孔径为 10 mm,泄漏初速度为 100 m/s,泄漏时间 60 s 时发生爆炸,产生的冲击波的压力值为 152.461 6 kPa。分别计算不同泄漏时间下爆炸产生的冲击波压力,将计算结果汇总,见表 6.5。

表 6.5　不同泄漏时间下爆炸产生的冲击波压力

泄漏时间 /s	TNT 当量 /kg	$Z/(m \cdot kg^{-1/3})$	α	β	$\Delta p/kPa$
10	0.029 5	4.854 056	6.91	−1.970 0	30.750 5
20	0.059 0	3.852 667	6.91	−1.970 0	48.476 1
30	0.088 5	3.365 615	6.91	−1.970 0	63.264 7
40	0.118 0	3.057 864	6.91	−1.970 0	76.419 5
50	0.147 5	2.838 669	6.91	−1.970 0	88.479 3
60	0.177 1	2.671 29	11.54	−2.060 0	152.461 6
70	0.206 6	2.537 497	11.54	−2.060 0	169.484 7
80	0.236 1	2.427 028	11.54	−2.060 0	185.759 8
90	0.265 6	2.333 587	11.54	−2.060 0	201.407 9
100	0.295 1	2.253 053	11.54	−2.060 0	216.519 3
110	0.324 6	2.182 599	11.54	−2.060 0	231.163 7
120	0.354 1	2.120 204	11.54	−2.060 0	245.396 1
130	0.383 6	2.064 383	11.54	−2.060 0	259.261 3
140	0.413 1	2.014 012	11.54	−2.060 0	272.795 9
150	0.442 6	1.968 223	11.54	−2.060 0	286.030 7
160	0.472 1	1.926 333	11.54	−2.060 0	298.991 6
170	0.501 7	1.887 796	11.54	−2.060 0	311.701 0
180	0.531 2	1.852 169	11.54	−2.060 0	324.178 1

由表 6.5 可知,天然气管道舱内发生爆炸产生的冲击波压力随泄漏时间的增加不断升高,在 50 s 到 60 s 的过程中出现了压力值的陡升,可通过表 6.6 更直观形象地了解不同冲击压力对建筑结构的具体破坏作用。

表 6.6　冲击波压力对建筑结构的影响

冲击波压力 /kPa	冲击波压力破坏情况
5 ～ 6	门和窗户的玻璃出现开裂
6 ～ 10	玻璃门和窗户的玻璃基本碎裂
15 ～ 20	窗柜破坏
20 ～ 30	墙出现裂缝
40 ～ 50	墙出现大裂缝、屋瓦落下
60 ～ 70	木屋结构松动、木柱断裂
70 ～ 100	墙砖倒塌
100 ～ 200	小型混凝土墙体受损甚至垮塌
200 ～ 300	主要钢架受损

综合管廊内天然气发生泄漏爆炸时,假设没有任何运维人员在管廊内,只考虑爆炸时的冲击波压力对综合管廊结构的影响。当泄漏 10 s 时发生爆炸,会造成墙裂缝;当泄漏 60 s 时发生爆炸,会造成小型混凝土墙体受损甚至垮塌;泄漏90 s 时爆炸产生的冲击波会导致主要钢架受损。足见,综合管廊内天然气管道一旦发生泄漏爆炸将会短时间内造成不可估量的后果。

6.6　城市地下综合管廊监测与应急仿真及处置系统

城市地下综合管廊监测与应急仿真及处置系统针对管廊内事故发生的类型,对管廊内事故进行研判、评估、预测和处置,实现事故的预测预警、动态分析、资源调度、应急联动和协同处置。本小节通过研究管廊事故的智能化决策、可视化调度与处置、应急联动等技术,构建爆管、泄漏、火灾等突发事件的应急仿真模型及高危管道隐患模拟仿真模型,并通过研究入廊高危管道全生命周期衰变模拟仿真技术,研发城市地下综合管廊监测与应急仿真及处置系统,实现管廊内突发事件从预案准备、决策制定、监控执行到处后总结的全流程管理及应急联动。

6.6.1　综合风险评估

本书基于综合管廊廊体结构、入廊管道属性信息、附属设备设施历史维修信息、实时动态监测信息、廊体内外环境等数据,通过科学建模、多源信息融合分析与大数据挖掘,掌握综合管廊综合风险分布情况,洞察综合管廊风险变化及发展趋势,为地下综合管廊及入廊管道安全运行监测系统的建设、日常运营以及突发事件处置辅助决策提供科学依据。具体内容包括:综合风险评估指标体系的建立、风险评估数据的融合处理、综合风险评估模型的研制、综合风险热力图及综合风险评估报告管理。

6.6.2　安全运行实时监测报警

安全运行实时监测报警系统,通过前端感知设备采集各专项如污水管道、天然气管道、热力管道、电力线缆以及廊体内环境的实时数据,实时掌握综合管廊及入廊管道的安全运行状态,积累海量监测数据并深入发掘数据所反映的综合管廊及入廊管道运行的趋势及规律,并据此设置安全运行监测报警阈值体系,阈值体系建立且系统完成设置后,系统可以对综合管廊及入廊管道安全运行状况进行实时监测,当发生监测指标超过阈值等异常情况时,及时进行报警,助力监测中心实时全面掌握入廊管道运行状况。具体内容包括:廊体监测、环境监测、设备监测、管道监测、廊体报警、环境报警、设备报警、管道报警、异常数据查询、报警规则设置等内容。

管道监测主要对供水管线、天然气管线、污水管线、热力管线、电力线缆进行监测。

(1)供水管线监测(图6.29)。

供水管线监测主要有基本信息的导出、查询等功能。

基本信息主要包括行政区划、防火分区、管道编码、设备类型、设备编号、设备名称、监测时间、监测值、定位、监测曲线等内容。

查询功能主要通过行政区划、设备类型、设备名称来进行查询。

图 6.29　供水管线监测

（2）天然气管线监测（图 6.30）。

天然气管线监测主要有基本信息的导出、查询等功能。

基本信息主要包括行政区划、防火分区、管道编码、设备类型、设备编号、设备名称、监测时间、监测值、数据时间、电池电压等内容。

查询功能主要通过设备编号、安装日期、设备名称、监测位置、监测指标来进行查询。

图 6.30　　天然气管线监测

（3）污水管线监测（图 6.31）。

污水管线监测主要有基本信息的导出、查询等功能。

基本信息主要包括行政区划、防火分区、管道编码、设备类型、设备编号、设备名称、监测指标、监测值、定位、监测曲线等内容。

查询功能主要通过行政区划、设备类型、设备名称、监测指标来进行查询。

（4）热力管线监测（图 6.32）。

热力管线监测主要有基本信息的导出、查询等功能。

基本信息主要包括行政区划、防火分区、管道编码、设备类型、设备编号、设备名称、监测指标、监测值、定位、监测曲线等内容。

查询功能主要通过行政区划、设备类型、设备编号、监测指标来进行查询。

（5）电力管线监测。

电力管线监测主要有基本信息的导出、查询等功能。

基本信息主要包括行政区划、防火分区、管道编码、设备类型、设备编号、设备名称、监测时间、监测值、定位、监测曲线等内容。

图 6.31   污水管道监测

图 6.32   热力管道监测

查询功能主要通过行政区划、防火分区、设备名称、监测指标来进行查询。

6.6.3   预测预警分析

预测预警分析可实现管廊风险的早期预警、趋势预测和综合研判。可运用预测分析模型,进行快速计算,对态势发展和影响后果进行模拟分析,预测可能发生的次生灾害,确认可能的影响范围、影响方式、持续时间和危害程度等。具体包括:管道风险预测预警、廊内环境及附属设施预测预警及预警分析等内容。

6.6.4　应急辅助决策支持

应急辅助决策支持模块针对恶劣天气、事故灾难和人为破坏等突发事件可能造成的地下综合管廊及入廊管道破坏,以及可能产生的次生衍生灾害进行综合预测预警与处置建议,并针对不同类型入廊管道突发事件处置所需的应急资源进行估算分析,系统同时实现与合肥市政府应急平台的资源共享,为市应急办事件处置辅助决策提供科学参考依据。

城市地下综合管廊应急辅助决策支持模块整体概况如图 6.33 所示。

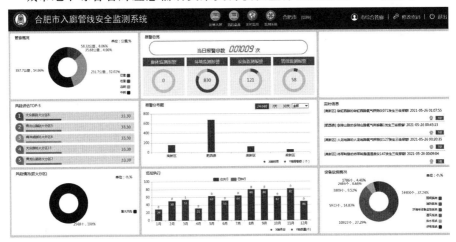

图 6.33　城市地下综合管廊应急辅助决策支持模块整体概况

(1)事件管理(图 6.34)。

针对可能造成的地下综合管廊破坏的突发事件,以及可能发生次生衍生灾害的预警事件进行闭环管理,事件处置流程及经验可为新生突发事件的处置提供科学的参考依据。

事件管理关键需要从 4 方面进行分类:

①事件等级。事件等级分为一级、二级、三级、四级。

②事件来源。事件来源分为突发事件、预警事件等。

③事件类型。事件类型可以分为污水事件、天然气事件等。

④事件状态。事件状态分为已处理、未处理、处理中等状态。

事件管理主要有基本信息新建、修改、删除、反馈、反馈记录、通知等功能。基本信息主要包括事件名称、事件等级、事件来源、事件类型、事发时间、事发地点、事件状态、预案查看、案例查看、应急资源保障、协调处置建议、定位、查看等内容。查询功能主要通过事件名称、事件等级、事件来源、事件类型、事件状态、事发时间来进行查询。

图 6.34　事件管理

(2) 预案管理(图 6.35)。

建立综合管廊突发事件应急预案库,对事件预案进行统一管理,实现各级各类应急预案的多维查询与实时调阅,一旦发生综合管廊突发事件,可自动关联、分析相关事件预案,为事件分析与处置提供决策依据。

① 预警前:现场发生事件或接收到报警时,GIS + BIM 平台自动显示报警地点,并发出报警提示。位置信息可由移动终端定位和人工输入等方式获取。

② 预警中:获取事件或报警信息后,自动调取事件周边摄像机图像,自动切换至监控中心大屏以便及时有效地了解事件详情。在展示平台自动显示事件发生点周边可控制的设备,应急模块自动生成相关预警、告示、提醒等相关信息,并在管理员确认后发布,及时发布预警信息以防止事态扩大。

③ 预警确认:发现事件后,要求可自动显示事发点附加的应急资源,包括应急人员和车辆、医院。事件处理过程要求能够全程监控,可将过程通过系统反映到监控中心。

预案管理主要有基本信息添加、查询等功能。

① 基本信息:主要包括名称、所属类别、来源单位、编制时间、登记人、下载、编辑等内容。

② 查询功能:主要通过名称、来源单位、编制时间来进行查询。

图 6.35　预案管理

（3）知识库管理（图 6.36）。

建立应急知识库，进行分级分类管理，实现应急知识的多维查询和实时调阅，提高运维人员的应急知识储备。

知识库管理主要有基本信息添加、删除等功能。

① 基本信息：主要包括名称、所属类别、来源单位、编制时间、登记人、下载、编辑等内容。

② 查询功能：主要通过名称、来源单位、编制时间来进行查询。

图 6.36　知识库管理

6.6.5　安全运行评估

系统综合及总结一段时间的综合管廊及入廊管道的安全运行状态,包括风险分布及变化情况,实时监测报警统计及分析,系统发布的预警信息与相关分析结果及相关处置措施和方案,预警信息发布情况总结及分析,并形成安全评估报告模板,由系统定期根据模版自动生成安全评估报告,支持在线浏览和下载,为管廊安全运行监测系统的运维提供报告支持。具体内容包括:安全运行评估报告模板的制定、安全运行评估报告的生成、安全运行评估报告的审核、安全运行评估报告的发送等内容。

运行评估管理(图 6.37)主要考虑以下 4 点:

① 评估对象:评估对象有哪些,需要通过基本信息添加,使得系统更完善。

② 安全等级:安全等级以及安全等级的定义。

③ 报告审核:报告审核以及审核意见,通过审核意见进一步进行修改。

④ 报告下载:通过系统进行报告下载等操作。

运行评估管理主要有基本信息添加、删除、报告生成等功能。

① 基本信息:主要包括报告名称、状态、报告生成时间、评估对象、安全等级、预览、报告审核、修改、下载、发送等内容。

② 查询功能:主要通过报告名称、状态、评估对象、安全等级、报告生成时间来进行查询。

图 6.37　运行评估管理

第7章　综合管廊内事故通风及控制方案

7.1　管道压力对通风稀释效率的影响

当燃气管道发生泄漏时,为了快速控制泄漏燃气的浓度,采取的措施是及时将综合管廊燃气独立舱室内的泄漏区段两端的分段阀关闭,此时,整条管道就像一个储气罐在发生泄漏。随着泄漏的不断进行,管道内部的压力会不断降低,于是燃气泄漏的速度以及泄漏量也会不断降低。直到管道内部的压力同独立舱室内的空气压力相同时,燃气泄漏的射流就会停止,这整个过程就是一个动态的过程。根据模拟的结果,舱室内燃气泄漏量随管道内压力变化曲线如图 7.1 所示。

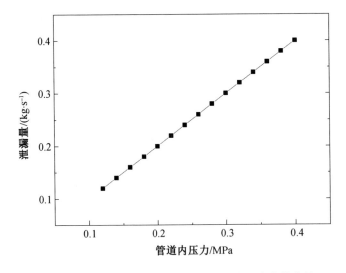

图 7.1　舱室内燃气泄漏量随管道内压力变化曲线

在管道内的压力不断变化的过程当中,泄漏量也在不断变化,并且它们之间的变化率近似呈线性关系。由于在该事故通风方案下,风机提供的风量没有发生变化,燃气泄漏口正上方的燃气浓度(甲烷气体体积分数)变化的主要影响因素即为管道内压力。在燃气的泄漏过程当中,随着管道内压力的不断降低,该燃气监测器所检测到的燃气浓度也在不断降低。

7.2　换气次数对通风稀释效率的影响

通过模拟,在不同的换气次数下,得到的各个监测点处测得的燃气浓度变化曲线是不同的。总体来说,换气次数越多,稀释效率越好,舱室内所形成的爆炸空间越小。本节将对不同事故通风换气次数下得到的燃气浓度变化曲线进行分析。

不同事故通风换气次数下,距独立舱室前端40 m(泄漏口)处监测点的燃气浓度变化曲线如图 7.2 所示。

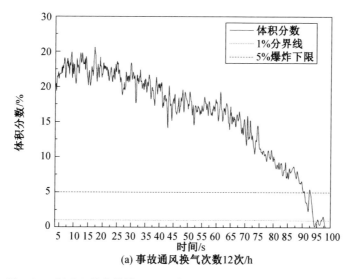

图 7.2　距独立舱室前端40 m(泄漏口)处监测点的燃气浓度变化曲线

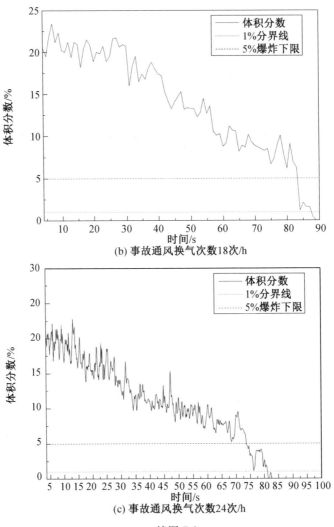

(b) 事故通风换气次数18次/h

(c) 事故通风换气次数24次/h

续图 7.2

结合模拟的结果,从图 7.2 中可以看出,在从燃气发生泄漏后 3.5 s 开始,进行事故通风 12 次 /h 后的整个 100 s 当中,泄漏口上方的燃气浓度长时间处于爆炸下限以上,在 92.8 s 时,燃气浓度完全下降到爆炸下限 5% 以下,直至 97.5 s 时,燃气浓度完全下降到燃气警报器的报警浓度 1% 以下;进行事故通风 18 次 /h 后的整个 90 s 当中,泄漏口上方的燃气浓度长时间处于爆炸下限以上,在 81 s 时,燃气浓度完全下降到爆炸下限 5% 以下,直至 85 s 时,燃气浓度完全下降到燃气警报器的报警浓度 1% 以下;进行事故通风 24 次 /h 后的整个 100 s

当中,泄漏口上方的燃气浓度 1/3 的时间处于爆炸下限以上,在 70.2 s 时,燃气浓度完全下降到爆炸下限 5% 以下,直至 77.6 s 时,燃气浓度完全下降到燃气警报器的报警浓度 1% 以下。

总体来说,由于换气次数的提高,从 12 次 /h、18 次 /h 再到 24 次 /h,出现了比较明显的变化,在燃气浓度超过了爆炸下限的时间中,每增加一次换气次数(增加量为正常通风量的一倍),使得该监测点附近的爆炸空间存在时间足足缩短了 10 s,与整个危险时间相比缩短了近 1/9,该效果是不容忽视的。所以,在提高换气次数后得到的回报是可观的。

7.3　综合管廊内通风控制方案的确定与实现

7.3.1　模式识别的基本概念

模式识别属于计算科学中的热门领域,它主要研究的是对象描述与分类方法,其在经济、医学、管理、农业以及生物学等多个领域都有着非常广泛的应用。模式识别同线性代数、统计学以及概率论等的学科息息相关。

模式识别的目的是将一个样本归类进一种类别当中去,其归类的依据就是相似度。相似度的概念是比较抽象的,它是对象与目标两者的比较。如果有一个对象(或者样本)的特征符合了某一种类别的概念(或者典型模式)所陈述的相关条件,则可以把这个对象归类到这一类别里头去。

模式识别中,“类别”指的是对象(或者样本)中包含了共同特征的种类,“解释空间”指的是以上所述的所有类别所组成的集合。而“模式”指的是对于对象(或者样本)的描述,它是关于对象(或者样本)的某些测量值组成的集合,又可以被称为案例、样本或者对象。其通常的表现形式是数值表、图像以及信号等。“特征”指的是用于进行分类的基元、属性或者度量,即测量值,它通常用向量的形式来表示,特征向量所组成的向量空间称为表示空间或者特征空间。其中,一个模式与一个特征向量相对应。

模式识别系统由以下几部分组成,如图 7.3 所示。

图 7.3　模式识别系统的构成

模式获取指的是获取数据、图像以及信号等信息,特征提取指的是基元的提取或者度量形式等,分类/回归/描述是整个系统的核心单元。有些特征值无法直接在分类/回归/描述单元进行输入,所以需要预处理单元(例如标准化)。而有些由分类/回归/描述单元输出的数据也无法直接进行应用,所以还需要后处理单元(例如解码)。并不是所有的模式识别系统都需要预处理单元或者后处理单元。

模式识别系统在进行工作时,第一步就是要对特征进行提取和选择。在选择特征时,应当尽可能地减少特征的数目,并且要考虑样本的可分性。研究人员最初选择的某些初始特征集合中可能会包含大量互相关联的特征,这些特征在分类中的作用会有差异,如果选择了过大的特征集合,则会给整个计算带来一些不便。所以,需要在大量的特征值中找出那些真正具有价值的特征,排除掉那些对于分类的贡献微乎其微的特征。与此同时,选择的特征数量也不能过少。此外,特征的选取很大地影响了分类的结果,所以在进行模式识别时,要充分考虑特征的选取。对特征进行评价的方法有分布模型评价、图形考查和统计推论检测等。

在特征选择完成后,则要对分类/回归/描述单元进行设计、训练以及测试。训练指的是利用已掌握的样本集合(又称训练集)进行分类规则建立。测试指的是在模式识别系统中使用某一样本集合(独立的,又称测试集)来检测其分类性能。错误率被用于评价模式识别系统整体的可信度以及推广能力。

在完成了模式识别的任务之后,需要在表示空间与解释空间之间建立映射关系,建立映射关系有两种方法:监督学习(或称归纳假说、概念驱动)的方法与非监督学习(或称演绎假说、数据驱动)的方法。如果已知典型模式周围的表示空间中的类的分布,则称为监督学习法,这是一种利用"概念驱动"的方法;相反,如果不知道典型模式周围的表示空间中的类的分布情况,也就是说在无先验知识的条件下对样本进行分类,则称为非监督学习法,这是一种利用"数据驱动"的方法。模式识别中相似度是人为选用的,它可以是空间中的特征向量的间距、句法规则或者基元结构间的匹配程度值,与这些相似度相对应,模式识别的方法有统计分类、数据聚类、神经网络、句法分析、结构匹配以及语法推断等,现今常用的进行模式识别的软件有 Matlab、Microsoft Excel、Statistica、SPSS 等。

7.3.2　综合管廊燃气独立舱室内燃气泄漏的通风控制方案

1.模式识别控制方案

下面将采用模式识别的方法来实现综合管廊燃气独立舱室内燃气泄漏的通风控制。在泄漏燃气的全体积分数范围中，即 CH_4 体积分数在 $(0, +\infty)$ 范围内，以及管道内压力在 $(0.1\ MPa, 0.4\ MPa)$ 范围内，将综合管廊燃气独立舱室中的燃气体积分数情况划分为无泄漏、危险泄漏和泄漏减弱三种类别，以上三种类别分别对应三种通风工况，即正常通风、加强事故通风和最小事故通风。假定所有样本可以划分为以上三个类别，即满足已知典型模式周围的表示空间中类的分布这一条件，也就是说所使用的模式识别的方法是监督学习。利用规范的规定和软件模拟的结果，可以求得决策函数，再利用决策函数对监测点测得燃气体积分数样本以及管道内压力样本进行分类，然后加以控制。

选取 CH_4 体积分数 $\varphi(CH_4)$ 以及管道内压力 p 作为特征值，即 $x_i = (\varphi(CH_4), p)^T, i = 1, \cdots, n$，由以上两个特征向量可以在空间中构成一个平面。由于泄漏燃气体积分数是由通风换气次数和管道内压力共同决定的，三者之间互相独立，所以选取 $\varphi(CH_4)$ 和 p 作为特征值满足了模式识别的特征选取要求。

现用"□"表示"无泄漏"，"△"表示"泄漏减弱"，"✕"表示"危险泄漏"，空间中样本的分布如图 7.4 所示。

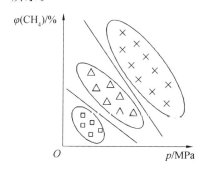

图 7.4　空间中样本的分布

三个椭圆形区域代表了三类不同的样本，这些椭圆被称为类别界限。用两条直线将这三个椭圆分开，这些直线被称为决策函数。可以用如下公式表示这些决策函数：

$$e_1(x) = a_1 x_1 + b_1 x_2 + c_1 = 0 \tag{7.3.1}$$

$$e_2(x) = a_2 x_1 + b_2 x_2 + c_2 = 0 \tag{7.3.2}$$

式中，x_1、x_2 分别代表了 CH_4 的体积分数和管道内压力 p；a_1、b_1、a_2、b_2 为权重

系数,它们决定了决策函数的斜率;c_1,c_2 为偏差量,即决策函数的截距。

利用决策函数,可以把整个空间分为三个部分,其中,"无泄漏"所对应的区域是 $e_1(x) < 0$,"泄漏减弱"所对应的区域是 $e_1(x) \geqslant 0 \bigcap e_2(x) \leqslant 0$,"危险泄漏"所对应的区域是 $e_2(x) > 0$。在现实中,决策函数不单单是直线,它还会是其他类型的曲线或者曲面等。

为了对样本以及典型模式之间的相似度进行估计,采用距离度量的方式。距离度量的尺度中常用的包括欧几里得范数、切比雪夫范数、棋盘格范数以及欧几里得平方范数等。本例中,距离度量的对象是平面,这种情况比较简单,意义明了,所以决定使用欧几里得范数,或者说使用欧氏距离来完成相似度估计。

在整个空间中,对于任意的一对两种对象的组合 $(\varphi(CH_4), p)$,都有一个确定的点与其相对应,这个点位于哪个区域,这个模式就属于对应的类别。

综合管廊燃气独立舱室内的燃气泄漏通风控制系统监测并且控制独立舱室内空气中燃气的体积分数以及管道内压力。监测的周期为 1 s,也就是说,从 0 时刻起,监测器每隔 1 s 测一次燃气的体积分数以及管道内压力。控制器在确定了对象所处的类别之后,向执行器发出对应的指令,然后进行控制。执行器在本周期内的动作不变,到达下一个周期再进行一次数据读取和控制器的识别,决定执行器是否改变动作。

2.决策函数的确定

决策函数作为划分不同类别区域的界限。 假设空间中的向量 $x = (x_1, x_2)^T$,现讨论三个类别的判断依据。若综合管廊燃气独立舱室内中测点测得的燃气泄漏体积分数 $\varphi(CH_4) < 1\%$,此时无论管道内压力的值为多少($0 < p < 0.4$ MPa),都应当属于"无泄漏"类别;若 $1\% \leqslant \varphi(CH_4) \leqslant 5\%$,此时 $0 < p \leqslant 0.1$ MPa,则应当属于"泄漏减弱"类别;若 $\varphi(CH_4) > 1\%$,且此时 $p > 0.1$ MPa,则应当属于"危险泄漏"类别。

根据以上的分类条件,可以得出两个决策函数:

$$e_1(x) = \begin{cases} x_1 - 1\% & (x_2 < 0.4) \\ x_2 - 0.4 & (x_1 < 1\%) \end{cases} \tag{7.3.3}$$

$$e_2(x) = \begin{cases} x_1 - 5\% & (x_2 < 0.1) \\ x_1 - 1\% & (x_2 < 0.1) \\ x_2 - 0.1 & (1\% \leqslant x_1 < 5\%) \end{cases} \tag{7.3.4}$$

在表示空间中,如上所分析的三种类别分别对应的空间区域如图 7.5 所示。"无泄漏"类别区域对应的是 $e_1(x) < 0$,"泄漏减弱"类别区域对应的是 $e_2(x) < 0$,"无泄漏"类别区域对应的是 $e_1(x) \geqslant 0 \bigcap e_2(x) \geqslant 0$。

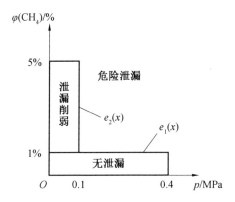

图 7.5　综合管廊燃气独立舱室内燃气泄漏程度类别划分

3.控制过程的流程

在确定了决策函数之后,则可以确定综合管廊燃气独立舱室中最终的燃气泄漏通风的控制方案。通风控制系统控制流程如图 7.6 所示。

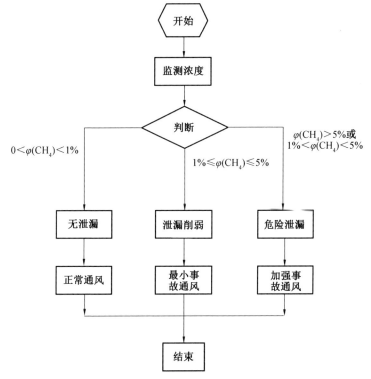

图 7.6　通风控制系统控制流程

7.3.3　控制方案的实现

1.自动控制系统的介绍

在整个自动控制系统中,每个部分各司其职。其中最重要的是控制器,它可以对收集的数据进行比较分析、计算,最后向执行器发出指令。执行器负责完成来自控制器的指令,进行一系列的动作。传感器是用于监测采集相关对象数据的部分,即前面提到的燃气警报器和管道压力监测器。传感器在采集完数据之后,将数据送至控制器进行处理。

传感器对被控量进行周期监测,周期由人为设定。控制器将来自传感器的监测数据与事先设定好的限值进行比较。根据监测数据与设定值之间的比较结果,对执行器下达指令,此时执行器通过该指令完成相应动作。

本例中使用的控制器为西门子 S7 − 200PLC,传感器使用的是东日瀜能甲烷泄漏检测警报器和力诺 T12 通用压力传感器,执行器为变频风机。

在默认状态下,风机的运行工况为正常通风工况,通风量为 6 次 /h,对应风量 5 400 m^3/h;当得到的信号被判断为"泄漏减弱"类别时,风机的运行工况为最小事故通风工况,其通风量为 12 次 /h,对应风量 10 800 m^3/h;当得到的信号被判断为"危险泄漏"类别时,风机的运行工况为加强事故通风工况,其通风量为 24 次 /h,对应风量 21 600 m^3/h。

2.控制系统的工作原理

综合管廊燃气独立舱室中的燃气泄漏通风控制系统工作时,先是通过传感器的数据采集得到一组 $\varphi(CH_4)$ 和 p 的数值,然后传感器将这一组数据传达给控制器。控制器对这一组数据进行运算比较,确定该组数据对应的类别。然后,控制器将对应类别的信号传达至执行器,执行器根据该信号来实现保持动作或者改变动作,即改变风机的转速。由于最初设定传感器监测的周期为 1 s,这种信息的采集方式不属于连续采集,所以该控制方式也不属于连续控制。只需关注在一个控制周期内最开始时刻的独立舱室内燃气泄漏的体积分数,并且在这个周期内执行器会保持同一个动作不变,直至下一个周期的开始。

该燃气泄漏通风自动控制系统的组成部分包括:PLC 控制器、模数(或称A/D)转换器、数模(或称 D/A)转换器、变频风机、压力传感器、CH_4 传感器、断路器以及 24V 直流电源等几部分。各个部分之间通过接线端子完成连接。控制系统概览图如图 7.7 所示。

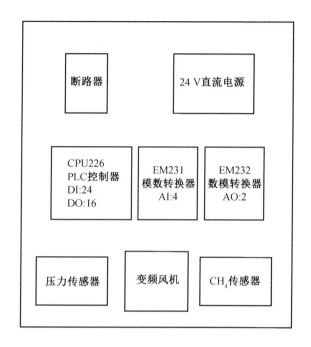

图 7.7　控制系统概览图

　　这个控制系统连接在一台工业计算机上,通过计算机可以实现程序的编写和修改,并且还可以实现对传感器所采集数据的记录、存储和导出。

　　控制器有两个端口,它们分别是数字量的输入端以及数字量的输出端,数字量指的是值为"0"和"1"的不连续的数字信号。由于通过传感器所采集到的信号属于模拟信号,无法直接输入到控制器当中进行处理,所以,在传感器与控制器之间需要设置一个模数转换器来实现对模拟信号的转换,将模拟信号处理并转变成对应的一组数字信号,然后传递至控制器当中。在经过计算比较之后,确定该组条件所属的类别,控制器将该类别对应的数字信号经过数模转换器转换成模拟信号,再传达给执行器,最后由执行器完成动作。这里的数模转换器以及控制器都是由 24 V 的直流电源供电。

　　数模转换器原理图如图 7.8 所示。

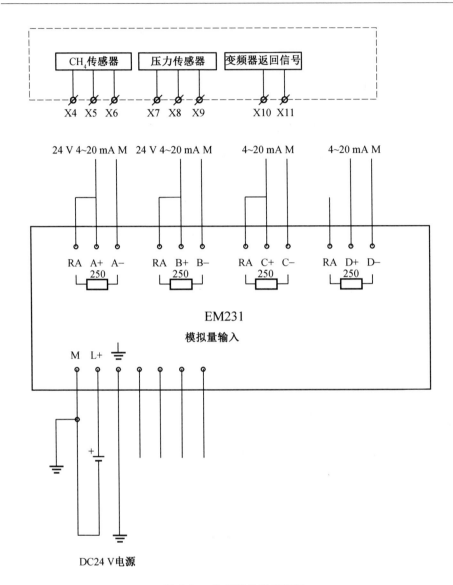

图 7.8　数模转换器原理图

变频风机原理图如图 7.9 所示。

变频风机由 380 V 的交流电源进行供电,变频器对来自控制器的数字信号进行判断,图 7.9 中的 M 是风机,STF 是 PLC 主机对变频器输出的正转信号接口,RL 与 RM 是数模转换器向变频器输出的频率信号接口,变频器返回信号接口与数模转换器相连。

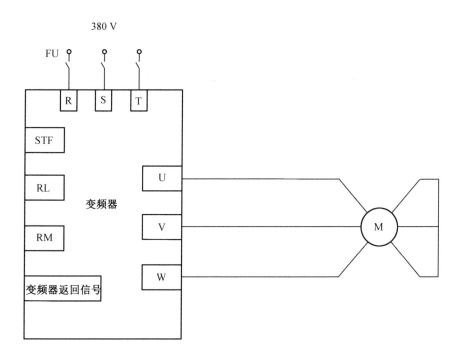

图 7.9　变频风机原理图

变频器接口信号与频率及风量的对应关系见表 7.1.

表 7.1　变频器接口信号与频率及风量的对应关系

RM	RL	频率	风量 /(m³ · h⁻¹)
0	0	f_1	5 400
0	1	f_2	10 800
1	1	f_3	21 600

第8章　城市燃气管网运行安全监测预警机制

8.1　城市燃气管网安全监测预警机制

8.1.1　城市安全监测预警运行机制

针对城市基础设施权属复杂、多部门管理交叉、关联性强、缺乏统一技术支撑等难题,成立城市安全运行监测中心(城市安全监测预警中心),负责城市安全监测预警平台的 7×24 h 监测值守、安全风险预测预警、风险处置辅助决策、技术咨询以及平台维护等工作。通过 7×24 h 监测值守和数据分析,监测中心建立三级预警模式,消除由于流程繁杂造成的报警响应不及时的问题。一级预警提供给相关行业、企业,如燃气公司、供水集团、交通桥梁维护企业等,当出现燃气泄漏、桥梁位移等报警信息,系统第一时间给相关企业预警。若涉及相邻空间领域,如燃气泄漏后扩散到雨污管道内,并且接近爆炸极限,系统会自动向城市管理相关部门进行二级预警,如交通部门、公安部门等。一级预警是向市政府应急办进行预警,当有重大险情隐患,系统会对市政府主要部门进行相关预警。三级预警的模式很好地提高了危机响应效果,企业及相关职能部门能够更精准高效地消除安全隐患,保障城市生命线的良好运行。

8.1.2　城市燃气管网监测预警运行机制

应建立以燃气管网的直接责任单位燃气集团为骨干,覆盖监管链、供应链和空间相关链等多个渠道的风险关联方按照"案例分析 → 技术与理论支撑 → 决策辅助 → 综合对策"的基本路线,以灾害机理的澄清和风险的预测预警为技术基础,以各风险关联方的常态化业务协同为实现目标,形成一套综合、系统、机制化的保障手段。

(1)各风险关联方的构成逻辑。

根据由国务院第129次常务会议通过的《城镇燃气管理条例》(国务院令第

583 号公布）的规定,燃气管网的安全涉及多个机构部门。按照建设、运营、监管的职责分配,燃气管网及相邻地下空间风险关联方构成逻辑如图 8.1 所示。

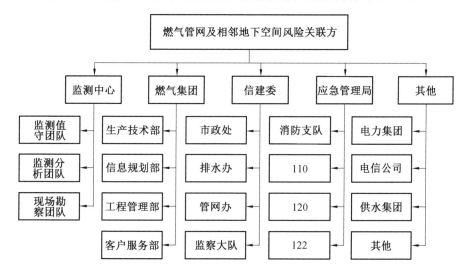

图 8.1　燃气管网及相邻地下空间风险关联方构成逻辑

（2）各风险关联方的业务逻辑。

各风险责任机构根据自身的业务分工,按照"目标定义 → 机构规划 → 职责确定 → 行动指南"的规定,整合到统一的"监测预警 → 联动响应 → 快速修复 → 运维管理"的框架中,如图 8.2 所示。

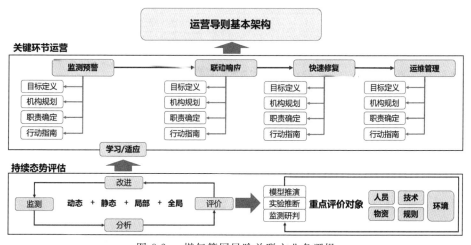

图 8.2　燃气管网风险关联方业务逻辑

运营的逻辑按照风险事故的发展分为平时和战时,平时各风险关联方开展监测和运维业务;战时,即事故发生并有扩大趋势时,各风险关联方联动实施应急预案。整个运营将在综合"动态、静态、局部、全局"等模式风险评估的基础上,通过对风险涉及的"人员、物资、技术、规则和环境"等元素的综合分析,利用监测研判、实验推断和模型推演等关键技术,对燃气安全持续进行态势评估,在此过程中不断通过学习以优化整个体系的关键环节运营并适应孕灾环境的变化,最终达到燃气管网安全保障体系的韧性发展。

(3)燃气管网及其相邻空间的韧性安全管理体系。

各风险关联方的业务逻辑主要分为监测业务方的日常管理和应急处置两种工作场景,风险关联方分为监测业务方和各安全关联方。各安全关联方包括燃气管网安全监管单位、直接责任单位、事故救援或处置单位等。各风险关联方的组织管理架构如图8.3所示。生命线工程安全运行监测中心主要负责对包括燃气管网在内的生命线工程运行状况进行监测,提供城市生命线异常事件的分析研判和预测预警,并针对突发事件处置提供辅助决策支持,以及标准编制、业务培训和运维保障等工作。在开展燃气管网安全运行监测过程中,由数据资源局、公安局、交通局、气象局等为监测中心提供城市生命线工程周边环境的基础数据。由城乡建设局和燃气集团提供燃气管网和周边管网的基础数据和维修数据。同时,监测中心会对相关数据进行共享,并为应急管理局、城乡建设局和燃气集团提供城市生命线工程安全运营支持、决策支持和战略咨询服务。

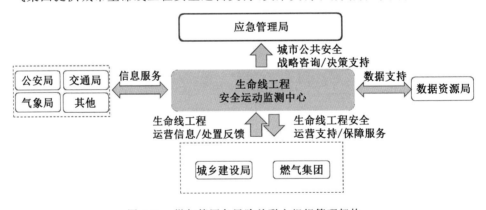

图 8.3   燃气管网各风险关联方组织管理架构

8.1.3　城市燃气管网燃爆风险监测预警与应急抢险运行机制

利用监测系统与燃气应急抢险系统相互联动,打通了包含巡线系统、报警系统等在内的六大系统,燃气管网安全监测预警与联动处置流程如图 8.4 所示,实现了应急处置的一站式管理。

当可燃气体浓度超过报警阈值时,系统发出报警,此时监测值守人员会将相关信息推送给分析人员。分析人员通过相关数学模型对监测曲线变化规律及周边情况进行分析,以确定报警为燃气泄漏或沼气堆积,并将相关预警信息推送给燃气管网责任单位,同时分析人员会通过相关模拟分析,对报警进行溯源、泄漏扩散和爆炸等进行模拟,为燃气集团等权属单位提供数据支持和决策支撑。

燃气应急抢险系统接到报警信息后,应急平台自动生成任务工单,派单,调度中心根据险情进行派单处置(运行、抢维、紧急停气),抢维单位接单,并选择维修类型、位置和管网信息,派单给抢修人员,抢修人员前往现场进行复核确认。燃气管网责任单位处置完成且系统可燃气体体积分数恢复 0% 之后,报警即解除。

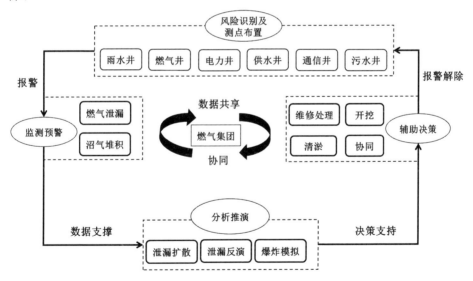

图 8.4　监测预警与联动处置流程

8.2　城市燃气管网运行安全监测技术

8.2.1　燃气泄漏事故典型案例库构建及演变仿真技术研究

通过调研典型燃气泄漏事故案例,可建立多类型燃气泄漏链式致灾模型库。基于对燃气泄漏事故中的致灾、承灾等多种因素的关联分析,可构建燃气泄漏事故中各因素的风险成因、作用机制和演化规律框架。通过研发燃气泄漏事故次生衍生灾害模拟仿真推演技术,可实现燃气安全管控致灾推理、模拟仿真和协调演练等功能。

（1）燃气泄漏事故典型案例的分析与数据库结构的建立。

从燃气泄漏事故典型案例的过程出发,通过对关键环节的拆解和分析,在对案例分类的基础上建立起安全数据结构,可为后续案例库的构建打下基础,主要工作如下。

① 案例库构建思路的确认。

首先筛选出有详细事故报告的燃气泄漏事故案例,利用故障树分析法将事故案例根据事故原因进行归类划分,并用案例的基本信息对案例做一个基本介绍,最后用案例要素对案例进行深入剖析归纳总结。

② 燃气泄漏事故类型的梳理。

案例的基本信息由案例名称、关键词、事故概要（摘要：时间、地点、起因、经过、结果）、事发地址、详细地址、事发地点（分为居民住宅、饭店和商户、学校、工厂、工地、燃气厂站和其他7类）、事故类型（默认单纯泄漏、中毒窒息、火灾、爆炸及火灾且爆炸5种类型）、事故等级（特别重大、重大、较大、一般以及待定）、事发时间、发布日期、参考资料、案例照片、案例附件构成。燃气泄漏事故类型如图8.5所示。

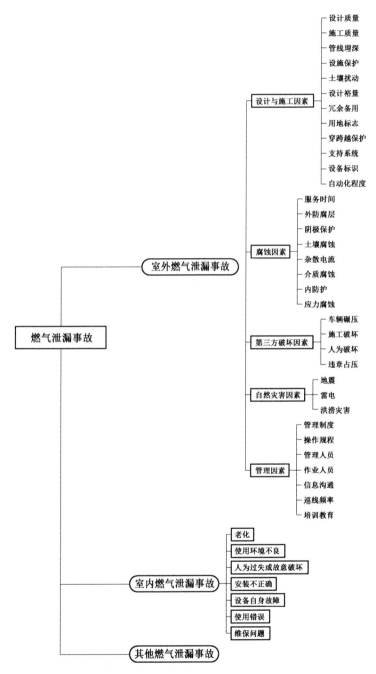

图 8.5　燃气泄漏事故类型

③ 燃气泄漏事故案例库数据结构的构建。

以建立数字化管理并为案例的检索、研究、借鉴等服务为目标,通过分析典型燃气泄漏事故的基本信息、事故过程、事故处置和事故总结等,梳理案例数据项,其基本架构如图 8.6 所示。

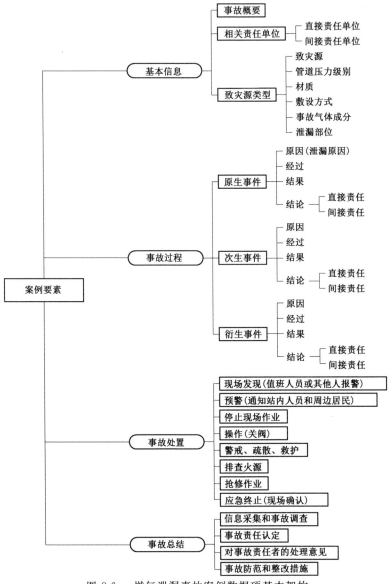

图 8.6　燃气泄漏事故案例数据项基本架构

（2）燃气泄漏事故演变机理分析模型构建技术的研究。

从灾害事件的组成结构入手对事件的本质及其共性特征进行分析，包括三个关键环节。

① 结构化的灾害机理分析框架。

首先，利用致灾体、承灾体、孕灾体和作用形式四个要素对各类事件的作用过程进行描述；然后，在灾害事件发生判定条件的基础上，根据前述四要素分析梳理出事件的构成模式；最后，对事件进行结构化表述和层次化分析。

基于承灾体受损这一灾害事件的共性规律，利用图 8.7 所示的模型实现了对灾害事件的统一描述和解构分析。根据灾害场景的复杂程度和业务需求，经事先定义灾害场景层次，可完成不同解析率的灾害演化分析。

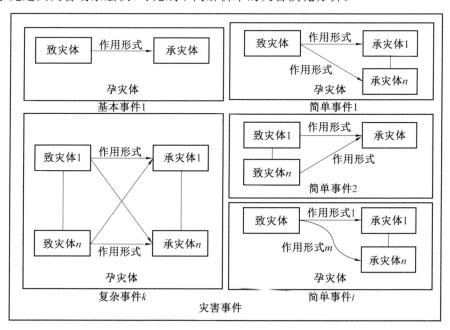

图 8.7　灾害事件层次化四要素分析模型

② 建立灾害事件作用过程的分析模型。

燃气泄漏灾害事件的发生、发展和演变具有显著的时域特征，该过程取决于事件的内在作用机理。可基于调研工作研究并构建反映该作用过程的统一分析模型。

相关模型从承灾体的完好度、事件的作用强度和承灾体的恢复力三个方面，在承灾体对不同作用形式响应特性的基础上，建立起灾害事件作用过程的分析模型,如图 8.8 所示。

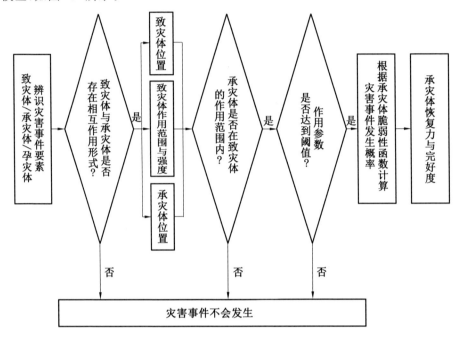

图 8.8　灾害事件作用过程的分析模型

本模型针对灾害事件作用过程的建模,充分考虑到各类事件的共性特征,提供了一种统一的分析技术。基于技术能够体现各类灾害场景中承灾体的响应特性,因而将作为本项目中进行灾害机理分析和推演的重要基础。

③ 建立了灾害事件的链式效应分析框架。

灾害事件,尤其是严重事件,在发生过程中往往诱发多个或多级次生/衍生事件,因而普遍具有链式效应规律,如图 8.9 所示。

通过对燃气泄漏典型事故的跟踪和解析,根据已确定的"风险源""事件"及其逻辑关系,并通过构建燃气泄漏风险链、事件链,对受到突发事件作用方式影响的防护目标、公共基础设施、危险源等目标进行系统辨识,分析可能导致的次生、衍生灾害事件。结合事件周边环境信息(交通、避难场所、救援物资分布等),为事件影响评估分析和事件处置提供辅助,在综合预测预警过程中对分析流程提供支持。

事故的发生发展都是系统多种内外因素沿着某一条规律链相互作用的结果,将事故链式演化的研究落实到物质第一性,抓住事故过程中载体的演绎规律和本质,就能认识整个事故演化过程及其实质,并为能量转化、事故损失度量提供量化的基础条件。

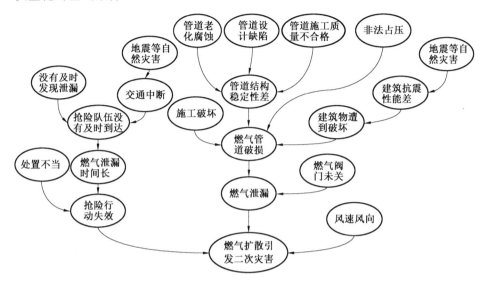

图 8.9　燃气泄漏风险链示意

　　基于前述分析框架对事件对象的转化特征进行分析,建立起各种利害对象的机制关系;同时利用前述分析模型,建立起风险链结构分析和事件链推演框架,见表 8.1、表 8.2。燃气泄漏灾害事件链如图 8.10 所示。

表 8.1　风险链结构分析

危险源	危险因素	存在风险	预警的事故事件	可能排查到的隐患
燃气泄漏	浓度超限 点火源 空间密闭	人员伤亡或财产损失	燃气爆炸	(1) 管道老化腐蚀;(2) 管道设计缺陷;(3) 非法占压;(4) 施工破坏;(5) 燃气管道破损;(6) 燃气阀门未关
	燃气扩散浓度超限 空间密闭		群体性燃气中毒	(1) 燃气浓度超限;(2) 空间密闭
	点火源		燃气火灾	(1) 烟气浓度偏高;(2) 点火源;(3) 温度偏高

表 8.2　事件链推演框架

事故	触发要素	次生事件	触发要素	衍生事件	次生、衍生事件
建筑垮塌 危险化学品泄漏 烟花爆竹和民用爆炸物事故 轨道交通事故 道路交通事故 铁路交通事故 城市轨道交通事故 公用和基础设施事故 工业火灾事故 民用建筑火灾 人员密集场所火灾 大型集会活动场所火灾	燃气泄漏	火灾		人员受困滞留	
				烟气中毒与窒息	
				踩踏事故	
				爆炸	
				建筑垮塌（钢结构高层建筑）	二次垮塌
				供气系统事故	
		爆炸	普通民居 危旧房屋集中区 旅馆/酒店 餐饮设施	建筑垮塌	群死群伤
					人员受困（掩埋）
				道路基础设施损毁	重大道路交通事故
					道路交通瘫痪
				城市轨道交通基础设施受损	踩踏事件
					城市轨道交通瘫痪
					乘客受困滞留车厢
				城市供水设施受损	供水管网停机造成供水中断
				城市排水设施受损	泵站停摆
					污水处理厂停运
				火灾	
				基础设施受损	大规模停电事故
					大规模停水事故
					污水漫流
					燃气火灾事故
					燃气爆炸事故
					供水中断
					通信受影响乃至中断
					成品油泄漏
					照明中断
				供气系统事故	
		中毒	燃气浓度超限 进入室内 环境密闭	窒息	
				群体中毒	
				人员大量死伤	
		供气系统事故		大规模停气事故	
				城市动力瘫痪	
暴雨 暴雪 泥石流 滑坡 崩塌 地陷		公用和基础设施事故		电网系统事故	
				给排水系统事故	
				通信保障系统事故	
				人防工程事故	
				桥梁事故	
				隧道事故	
				游乐设施事故	
			人员密集场所	踩踏事故	

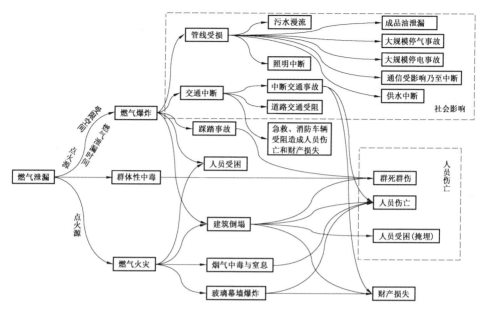

图 8.10　燃气泄漏灾害事件链

六类演变逻辑分别描述如下。

a. 管道老化腐蚀、管道设计缺陷或者管道施工不合格 → 管道结构稳定性差 → 管道破损 → 燃气泄漏 → 燃气扩散引发二次灾害。

b. 施工破坏(或非法占压) → 管道破损 → 燃气泄漏 → 燃气扩散引发二次灾害。

c. 地震等自然灾害 → 建筑物抗震性能差 → 建筑物遭到破坏 → 管道破损 → 燃气泄漏 → 燃气扩散引发二次灾害。

d. 燃气阀门未关 → 燃气泄漏 → 燃气扩散引发二次灾害;

e. 没有及时发现泄漏或者地震等自然灾害使交通中断 → 抢险队伍没有及时到达,抢险行动失效 → 燃气泄漏时间较长 → 燃气扩散引发二次灾害;

f. 处置不当 → 抢险行动失效 → 燃气扩散引发二次灾害。

重大灾害场景由存在偶合、次生、衍生和异变等关系的灾害事件组成,各事件在作用形式的驱动下进化演变形成灾害链。对相关场景、事件均基于致灾体、承灾体、孕灾体和作用形式四个要素进行分析,同时展示出灾害链的演化机理。本框架将直接作为后续构建灾害情景推演模型的基础。

8.2.2　基于支持向量机模型的埋地燃气管网泄漏判断算法

研究泄漏浓度阈值动态预测和相邻空间风险动态评估算法,基于大时域和广地域的燃气管网日常运行数据,结合燃气管网相邻地下空间的实时监测数据,研究并建立不同时段、地段、管段和气候条件下的燃气管网正常运行与燃气泄漏的变化特征,形成燃气泄漏的浓度阈值动态预测、在线诊断技术,确定风险评估分级标准和预警阈值区间,建立燃气管网及相邻地下空间的韧性评估指标体系和方法。利用合肥市燃气管网监测平台的数据,根据综合数据源的空间分布和时间趋势特点,提出并建构对应算法,对燃气泄漏进行分析预警。

（1）算法基本思路。

本算法的基本思路为,根据测试集带标签的监测样本曲线计算得到的埋地燃气管网泄漏曲线特征值,利用监督学习进行分类器交叉验证训练,得到模型参数与预测模型;基于模型可对新输入的监测曲线进行特征提取和结果分类,识别燃气管网泄漏与否。基于支持向量机模型的燃气泄漏分析流程如图 8.11 所示。

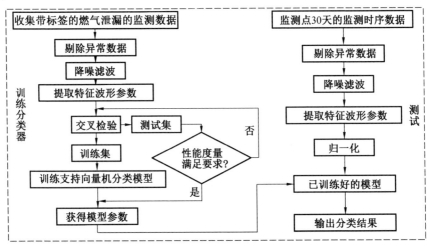

图 8.11　基于支持向量机模型的燃气泄漏分析流程

（2）算法步骤与选取参数。

① 获取一个监测点或多监测点确认燃气泄漏的监测数据及监测曲线作为样本数据。

② 对于样本集中每一个监测点的监测数据、监测曲线特征信息进行异常值处理和降噪滤波的操作。

③ 根据时域波形进行计算得到多个特征参数,且特征参数分为有量纲的幅值参数和无量纲型参数。

天然气管网泄漏波形特征参数的选择对泄漏诊断的准确率和可靠性有一定的影响,本算法选择描述检测地点的甲烷浓度（甲烷气体体积分数）波动的 15 个特征参数:最大值、最小值、平均值、峰值、整流平均值、变化率、标准差、峭度、均方根、波形因子、峰值因子、脉冲因子、裕度因子、峰值时间、波谷时间。具体介绍和计算方法如下所述:

a.最大值:监测数据的最大值。

$$X_{max} = x_i(t)$$

b.最小值:监测数据的最小值。

$$X_{min} = x_i(t)$$

c.平均值:描述监测数据的稳定分量。

$$\overline{X} = \frac{1}{N} \sum_{i=1}^{N} x_i(t)$$

d.峰值:通常是指振动波形的单峰最大值,它是一个时不稳参数,不同的时刻变动很大。因此,在机械故障诊断系统中采取如下的方式以提高峰值指标的稳定性:在一个信号样本的总长中,找出绝对值最大的 10 个数,用这 10 个数的算数平均值作为峰值,因为在天然气泄漏的过程中其浓度变化同样在不同时刻的变化波动很大,所以采用同样的计算方法。

$$X_p = \frac{1}{N} \sum_{i=1}^{N} |x_i|$$

e.整流平均值:信号绝对值的平均值。

$$X_{av} = \frac{1}{N} \sum_{i=1}^{N} |x_i(t)|$$

f.变化率。

$$\Delta = \frac{x_{i+1}(t) - x_i(t)}{x_{i+1}(t)}$$

g.标准差:方差的算数平方根,标准差能反映一个数据集的离散程度。

$$\sigma = \sqrt{\frac{1}{N} \sum_{i=1}^{N} (\mathit{\iota}_i - \mu)^2}$$

h.峭度:反映振动信号分布特性的数值统计量。

$$K = \frac{1}{N} \sum_{i=1}^{N} \left(\frac{x_i - \overline{x}}{\sigma_t} \right)^4$$

i.均方根:用于描述振动信号的能量。

$$X_{rms} = \sqrt{\frac{1}{N} \sum_{i=1}^{N} x_i^2(t)} 。$$

j.波形因子:无因次量,是信号的均方根和整流平均值的比值。

$$S_w = \frac{X_{rms}}{|\overline{X}|}$$

k.峰值因子:计算的波形的振幅与均方根的比值,代表的是峰值在波形中的极端程度。

$$C_p = \frac{X_p}{X_{rms}}$$

l.脉冲因子:用来检测信号中是否存在冲击的统计指标。

$$C_f = \frac{X_p}{|\overline{X}|}$$

m.裕度因子:信号峰值与方根幅值的比值。

$$C_e = \frac{X_p}{X_F}$$

式中,方根幅值 $X_F = \left(\frac{1}{T}\int_0^T \sqrt{|X(t)|}\,dt\right)^2$。

n.峰值时间:振动波形的单峰最大值对应的时间点。

o.波谷时间:振动波形的波谷最小值对应的时间点。

(3)算法验证。

使用的数据采集自 2018 年 3 月 22 日至 2018 年 4 月 22 日这一个月内有甲烷浓度波动的传感器数值,数据已经被审核,即已经被成功判断报警原因,并赋予了相应的标签。

利用 MATLAB 中的信号处理函数包中数据平滑中的均值滤波,其原理为用均值代替原本数据中的各个值,选择一个点,然后利用这个点邻域内的若干个点,求这些全部点的均值,然后再将该均值赋予当前点。这个邻域在信号处理中称为"窗"。窗开得越大,输出的结果也就越平滑,但是也可能会把有用的信号特征给抹掉,所以窗的大小也要根据实际的信号和噪声特性来确定,本算法窗大小选择了领域周围的 20 个点,降噪曲线如图 8.12 所示。从第一幅图可以看出,信号的背景十分嘈杂,波动的特征被淹没在噪声中,不便于后期的机器学习分类,经过滤波后得到了相对平滑的波形,便于天然气管道的泄漏诊断。

利用预处理后的数据,采用 SVM 进行模型训练,结果见表 8.3,可以看出 SVM 的核函数中 rbf 和 sigmoid 对应不同的核函数,当惩罚参数都为 0.8 的时候,sigmoid 核函数的表现明显优于 rbf 核函数,但是这两个不同核函数下的 SVM 的天然气管网泄漏查全率和沼气聚集查准率表现都很优秀。SVM 在特定的设定下时,其分类器可以满足项目的需求,有高准确率、高天然气管网泄漏查全率和高沼气聚集查准率。

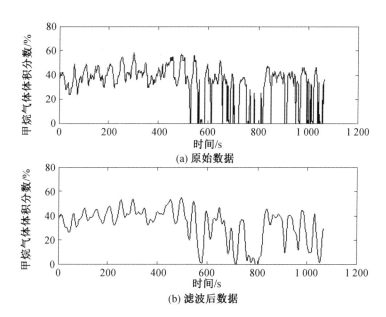

(a) 原始数据

(b) 滤波后数据

图 8.12　滤波前后对比度图

表 8.3　训练结果对比表

序号	算法		准确率/%	天然气管网泄漏查全率	沼气聚集查准率	模型评估指标（AUC）	时间/s
1		决策树	100	1	1	1	0.008
2	AadBoost	Discrete Aadboost	65	0.59	0.71	0.732	1.289
3	AadBoost	Reaal Adaboost	60	0.59	0.71	0.63	1.799
4	SVM	SVM(C = 0.8, Kemel = 'rbf', gamma = 'auto')	84	1	1	0.827	0.009
5	SVM	SVM(C = 0.8, kemel = 'sigmoid', gamma = 'auto')	92	1	1	0.923	0.307
6	神经网络（隐藏层 = 1,优化算法 = sgd,alpha = 0.0001)		93	0.94	0.93	0.931	0.114

（4）算法分析。

本算法在判断埋地燃气管网泄漏时,兼顾了监测曲线峰谷值、曲线振幅的局部特征以及曲线变化趋势的全局特征,得到的监测曲线特征具有优秀的显著性。

8.2.3　基于相邻空间多元数值对比的燃气泄漏判别算法

1.算法思路

本算法通过获取监测设备采集的甲烷浓度数据,生成所述甲烷浓度数据对应的第一函数,再获取沼气堆积时窨井内甲烷浓度变化规律,生成甲烷浓度随时间变化的第二函数,并获取用气量随时间变化的第三函数,然后分析第一函数和第二函数之间的相关性,以及分析第一函数和第三函数之间的相关性,能够提高判断燃气是否泄漏的准确性,实现对燃气管网泄漏的及时发现。燃气泄漏监测点空间分布图如图 8.13 所示。

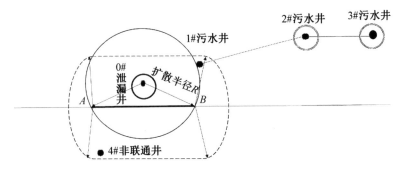

图 8.13　燃气泄漏监测点空间分布图

0# 井监测到甲烷,并分析是燃气泄漏引起的,扩散区域为虚线部分,AB 段为泄漏段,确认泄漏管道为 AB 所在管道。

2.算法原理与步骤

图 8.14 为算法步骤图。基于燃气专项监测系统,由甲烷浓度随时间变化规律生成函数 $X = f1(T)$。其中,X 表示甲烷浓度监测值,T 表示甲烷浓度监测时间,$f1$ 表示监测到的甲烷浓度监测值随监测时间变化的函数。

然后,计算得到甲烷浓度变化规律与沼气引发甲烷浓度变化规律的相关性,计算出相关系数 $\varepsilon1$。

沼气引发甲烷浓度变化规律的函数为 $Z = f3(T)$。Z 表示沼气堆积量,T 表示时刻,$f3$ 表示沼气堆积量随时间变化的函数。

之后,再分析用气量随时间变化规律,生成函数 $Q = f2(T)$。其中,Q 表示用

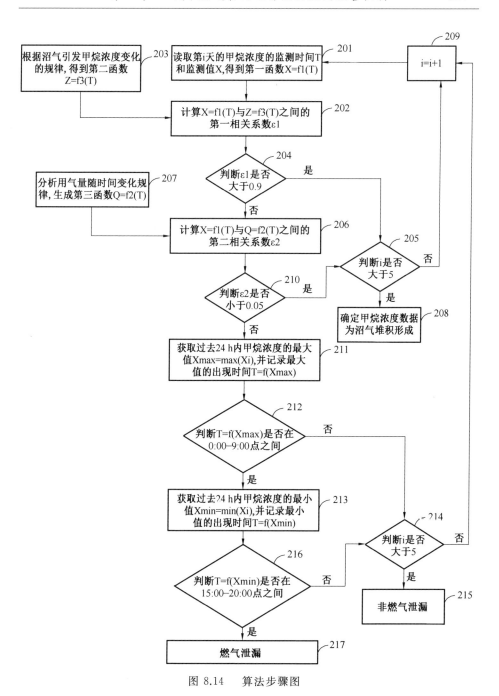

图 8.14　算法步骤图

气量，T 表示时刻，f2 表示用气量随时间变化的函数。每天在早上和晚上都会出现用气早高峰和晚高峰，早高峰一般出现在早上 8：00—10：00，晚高峰一般出现在下午 17：00—18：00 和 19：00—20：00。白天的低谷出现在下午 15：00—16：00，夜里的谷底出现在凌晨 3：00—7：00。

接下来，分析得到甲烷浓度变化规律与用气量随时间变化规律的相关性，计算出相关系数 $\varepsilon 2$。

下面便可根据 $\varepsilon 1$ 和 $\varepsilon 2$ 来判断甲烷浓度变化的成因。

首先判断 $\varepsilon 1$ 是否大于 0.9。

当 $\varepsilon 1$ 大于 0.9 时，可确定甲烷浓度数据为沼气堆积形成。为了进一步提高准确率，可进行多次判断，如连续五次判断结果均为 $\varepsilon 1$ 大于 0.9，则确定甲烷浓度数据为沼气堆积形成。

当 $\varepsilon 1$ 小于 0.9 时，可进一步判断 $\varepsilon 2$ 是否小于 0.05。

当 $\varepsilon 2$ 小于 0.05 时，可进行多次判断，如连续五次判断结果均为 $\varepsilon 2$ 小于 0.05，则确定甲烷浓度数据为沼气堆积形成。

当 $\varepsilon 2$ 大于 0.05 时，则可进行更进一步的判断。

获取过去 24 h 内甲烷浓度的最大值 Xmax＝max（Xi），并记录最大值的出现时间 T＝f（Xmax）。同理，获取过去 24 h 内甲烷浓度的最小值 Xmin＝min（Xi），并记录最小值的出现时间 T＝f（Xmin）。

泄漏气体浓度变化规律与燃气使用规律密切相关，因此首先判断最大值 Xmax 的出现时间是否为用气较少的时间段，即判断如 T＝f（Xmax）是否位于 0：00—9：00 范围内。如果是，则进一步判断 T＝f（Xmin）是否位于用气较多的时间段，如 15：00—20：00 范围内。如果是，则确定为燃气泄漏，需尽快解决。如果 T＝f（Xmin）不在 15：00—20：00 范围内，则确定为非燃气泄漏。

此外，如果 T＝f（Xmax）不在 0：00—9：00 范围内，则进一步判断 T＝f（Xmin）是否位于 12：00—15：00 范围内。如果 T＝f（Xmin）不在 12：00—15：00 范围内，则确定为非燃气泄漏。为了进一步提高准确率，可进行多次判断，如连续五次判断为非燃气泄漏。

3.算法分析

燃气泄漏检测主要包括燃气窨井在线监测和人工地面沿线巡检两种方式。人工巡检方式易受人体生理因素的制约和劳动经验的影响，对巡检的工作技能要求较高。在线监测系统的效果则受制于检测设备成本，其原因在于窨井内的可燃气体一方面来源于井内有机物腐烂，另一方面来源于燃气泄漏，两种气体的主要成分均为甲烷。可通过分析窨井内气体的数据信息来判断燃气管道是否泄漏，实现对燃气管网泄漏的及时发现。

8.3　城市燃气管网运行安全监测预警技术应用

8.3.1　整体应用效果

合肥市拥有重要桥梁 224 座、地下管道总长超过 3 万 km、已建地下综合管廊 58 km，城市基础设施各个子系统并行与交汇情况复杂，耦合风险易发多发，其"不安全状态"依靠传统的人工检测手段难以做到快速、精准发现，容易让"小患"积成"大祸"。为有效降低城市生命线安全事故经济损失和提升城市生命线公共安全应急能力，开创性、针对性、系统性地建立城市生命线风险控制体系框架，实现对城市生命线系统关键环节及高风险点区域主动式安全保障，自 2016 年 3 月开始，合肥市先后启动了城市安全监测预警平台（城市生命线工程安全运行）一期项目、二期项目建设，按照"点""线""面"相结合的原则，优先选择合肥市高风险区域、重点敏感区域和关系民生保障的城市基础设施进行物联网建设，覆盖 51 座桥梁、822 km 燃气管网、739 km 供水管网、254 km 排水管网、201 km 热力管网、14 km 中水管网、58 km 综合管廊、城市高风险点 2.5 万个。建设内容包括多个安全运行监测系统，即桥梁安全运行健康诊断系统、燃气管网相邻地下空间安全监测系统、供水管网安全监测系统、排水管网安全运行监测系统、热力管网安全监测系统、综合管廊安全运行监测系统等。项目系统平台边建边用，监测数据每天达 500 亿条。

燃气管网安全实时在线智能监测平台在合肥市得到了整体应用。监测区域覆盖的年代久远、管道老化严重、地面及地下环境复杂、人口密度大等高风险区的燃气管网及地下相邻空间 2 200 km。系统建设为合肥市城市生命线整体安全运行提供支撑，全面服务于市政府安全生产委员会、市应急局、市建委、市政管理处、市公路局、市排水办、市热电集团、市供水集团、市燃气集团等相关单位和部门，与市数据资源局实现数据互通共享，打通城市生命线安全管理行业壁垒。监测系统从 2016 年初开始建设，至 2020 年 12 月，成功预警燃气管网泄漏、沼气浓度超标报警等突发险情 3 000 多起，对比平台应用前，全市监测区域内地下管网事故发生率下降 60%，风险排查效率提高 70%。

8.3.2　典型泄漏报警案例

合肥市城市生命线监测系统自运行以来，通过 7 × 24 h 实时监测，截止到 2020 年 12 月，共预警燃气泄漏 184 起，其中超过爆炸下限 81 起，监测列表见表 8.4。

表 8.4　燃气泄漏(超过爆炸下限)监测列表

序号	窨井编号	窨井位置	甲烷体积分数/%	监测结果
1	RQ13822	桃花店路四里河畔小区东门	5.34	放散阀漏气
2	RQ17201	空港南路与 041 县道	6.87	阀芯漏气
3	RQ409	芜湖路与徽州大道交叉口西北角	6.06	阀门漏气
4	RQ7041	北二环与沿河路西南向西 15 m	6.89	阀门漏气
5	RQ10686	阜阳北路与同宴会大酒店院内 10 m	6.21	阀门漏气
6	RQ400	潜山路与金寨路高架交叉口西南角	20.20	阀门漏气
7	RQ16239	凤亭路向北 1001 m 牛车棚路口向东 300 m	5.39	管道漏气
8	RQ8211	翡翠路浅草湾酒店内(院内)停车场	13.70	阀门漏气
9	RQ14427	湖光路与奇鼓路东南角	20.20	阀门漏气
10	RQ14632	方兴大道与派河大道东北向 600 m	6.05	阀门漏气
11	RQ4336	桐城南路与龙图路交叉口东南角	12.86	放散阀漏气
12	RQ13305	祝融路与黄岗路西南向西 20 m	5.72	放散阀漏气
13	RQ16483	幸福路与复兴路交叉口东南角	12.49	放散阀漏气
14	RQ14632	方兴大道与派河大道东北向 600 m	5.16	阀门漏气
15	RQ14751	郎溪路与巢湖南路交叉口东南角	20.20	阀门漏气
16	RQ7004	创新大道与皖水路路口东边	8.33	阀门漏气
17	RQ4527	春雨路与紫蓬路交叉口西北角 始信花园小区南门口	5.15	阀门漏气
18	RQ16345	振兴路与白莲岩路向西 100 m 路南	14.21	放散阀漏气
19	JS2902005851	长江中路与金寨路交口西南角	7.00	法兰松动漏气
20	RQ2968	望江路与宿松路交叉口西南角	5.00	放散阀漏气
21	RQ14973	锦绣大道与合掌路交叉口西北角	20.00	放散阀漏气
22	RQ9891	井岗路与山湖路蜀新苑 G4 栋东南面车棚	5.91	放散阀漏气
23	RQ18136	丹霞路与引针路交叉口西北角沿丹霞路向西 10 m,人行红绿灯杆南 2 m	8.86	放散阀漏气
24	RQ13134	合作化路与望江路东南向东 6 m	6.93	放散阀漏气
25	RQ17557	蒙城北路与金峰路交口东南角	12.48	放散阀漏气

续表8.4

序号	窨井编号	窨井位置	甲烷体积分数 /%	监测结果
26	RQ12304	绿杨路与春梅路交口西南角	6.09	阀门漏气
27	RQ2391	甘泉路与田埠路东北向北 100 m	9.14	放散阀漏气
28	RQ4369	方兴大道与合掌路交叉口东北角	20.20	放散阀漏气
29	RQ3710	滨河路与幸福路交叉口东北角	18.84	阀门漏气
30	RQ5469	阜阳路与北二环路交口向北 15 m	8.14	法兰漏气
31	RQ5468	阜阳路与北二环路交口向北 15 m	8.21	法兰漏气
32	RQ13399	创新大道与汤口路东北向北 10 m	8.00	补偿器接口漏气
33	RQ15348	明皇路万邻坊菜市门口	15.50	放散阀漏气
34	RQ665	政通路与潜山路交口东南角政通路牌西	6.00	阀门井漏气
35	RQ54	蜀山区五里墩桥南一环辅路立交桥	8.00	阀门井漏气
36	RQ1098	天河路与连水路交口东北角	12.16	阀门井漏气
37	RQ1240	祁门路与望湖西路交叉口东南角	10.26	阀门漏气
38	RQ400	潜山路与金寨路高架交叉口西南角	6.09	确认漏气
39	RQ5596	安医大一附院维修科院内车库旁	10.05	确认漏气
40	RQ4005	金寨路与丹霞路交叉口东南角 10 m	8.68	确认漏气
41	RQ7820	辕门路与双龙路交叉口东南角沿辕门路	16.38	管道漏气
42	RQ626	天门路与梦笔路交叉口东南角沿天门路	7.14	确认漏气
43	RQ714	金寨南路与丹霞路交叉口东北角	6.94	确认泄漏
44	RQ5596	安医大一附院维修科院内车库旁	15.60	确认漏气
45	RQ13149	安医大一附院维修科院内车库旁	20.20	确认漏气
46	RQ2202	创新大道与大别山路交口东南 40 m	18.04	确认漏气
47	RQ12626	新安江路与大众路交叉口东南角	6.61	确认漏气
48	RQ283	徽州大道新世界公馆门口	9.00	确认漏气
49	RQ12298	紫薇路与机场路便道交口东北角 15 m	6.64	确认漏气
50	RQ812	天水路与皇藏峪路交口西南角	6.44	确认泄漏
51	RQ2784	铭传路与香樟大道东南角向南 35 m	11.13	确认泄漏
52	RQ1244	卧云路与百丈路交叉口西北角沿百丈路	7.56	确认泄漏

续表8.4

序号	窨井编号	窨井位置	甲烷体积分数 /%	监测结果
53	RQ3469	始信路与耕耘路交叉口西北角沿始信路	10.12	确认泄漏
54	RQ10654	蒙城路与北一环交口东南向南 40 m	9.38	确认泄漏
55	RQ9389	紫云路与合掌路交叉口西北角	10.45	确认泄漏
56	RQ13684	含笑路与紫蓝街交叉口	7.49	确认泄漏
57	RQ15295	富蕴路高刘小学三岔路东南角 10 m	6.35	确认泄漏
58	RQ12942	汤口路与三岗路西北向北 1 000 m	5.40	确认泄漏
59	RQ12733	芜湖路与巢湖路交叉口西南角	13.07	确认泄漏
60	RQ3902	徽州大道格林联盟酒店门前 30 m	13.07	确认泄漏
61	RQ1793	长江路与西园路交口西南向南 6 m	13.07	确认泄漏
62	RQ13820	当涂路与淝河路交叉口	13.45	确认泄漏
63	RQ8906	宁国路与合巢路交叉口	15.38	确认泄漏
64	RQ12733	芜湖路与巢湖路交叉口西南角	18.12	确认泄漏
65	RQ8684	长江路与铜陵路交口向北 10 m	6.10	确认泄漏
66	RQ9788	阜阳路与登梅路交口向南 50 m	5.22	确认泄漏
67	RQ4562	北二环与龙灯路西北角向北 81 m	6.23	确认泄漏
68	RQ9148	裕溪路与幸福路交叉口西北角	20.20	施工破坏 确认泄漏
69	RQ16847	三河路与黟县路交叉口东南角	5.02	确认泄漏
70	RQ7688	大别山路燕庄油脂厂职工宿舍 2♯ 楼	5.24	放散阀松动漏气
71	RQ10447	明光路与和平路交叉口西南角	20.20	确认泄漏
72	RQ12703	望江西路与石台路东南向东 1 822 m	13.19	确认泄漏
73	RQ17557	蒙城北路与金峰路交口东南角	13.58	确认泄漏
74	RQ721	金寨南路与汤口路交叉口东南角	5.49	确认漏气
75	RQ409	芜湖路与徽州大道交叉口西北角	12.54	确认漏气
76	RQ409	芜湖路与徽州大道交叉口西北角	6.06	确认漏气
77	RQ15694	香樟大道与红枫路交口	5.00	确认漏气
78	RQ7819	双龙路与清湾路交叉口西南角	5.12	确认漏气
79	RQ11905	宿松路与云谷路交叉口西北角	5.28	确认漏气
80	RQ5299	格力大门口	5.30	确认漏气
81	RQ13460	皖水路与杨林路路口向西 150 m	5.40	确认漏气

以下为几个典型监测系统应用案例介绍。

1.第三方破坏燃气泄漏报警案例

2019 年 4 月 18 日,安医大一附院维修科院内两处燃气井 RQ5596 和 RQ13149 多次出现一级报警,最高甲烷浓度达14.06％和20％,报警燃气浓度曲线如图 8.15 所示。监测中心快速准确分析研判锁定泄漏位置,燃气集团现场抢修,排除了燃气管网和地下空间爆炸重大险情。该事件的处置流程如下。

(1)监测值守。2019 年 4 月 18 日早上 9 点,安医大一附院维修科院内两处燃气井 RQ5596 和 RQ13149 出现泄漏报警,甲烷浓度分别为 13.38％ 和 18.26％。之后又多次出现一级报警,最高甲烷浓度达 14.06％和20％。

(2)分析研判。数据分析人员通过分析该报警点燃气浓度曲线上升速率和浓度变化规律,并采用斯皮尔曼相关系数法计算燃气浓度曲线与温度的相关性系数,综合确认附近燃气管道发生泄漏,并立即上报燃气集团排查处置。

(3)风险分析。通过扩散模拟计算,该窨井影响的燃气管道有 13 根,总长17.83 m,燃气爆炸的轻伤半径为 2.94 m,重伤半径为 2.47 m,如图 8.16 所示。通过提供现场地下管道分布情况和扩散影响分析,可减小燃气集团现场抢修处置引发的次生灾害风险。

(4)应急抢险。燃气集团南部抢修中心关闭泄漏点两端截断阀,进行停气放散,系统报警解除,同时向影响区域居民发布维修停气通知。下午 13:30,南部抢修中心完成接管工作,管道正常供气,系统报警解除,同时将处置结果反馈至监测中心形成事件闭环。

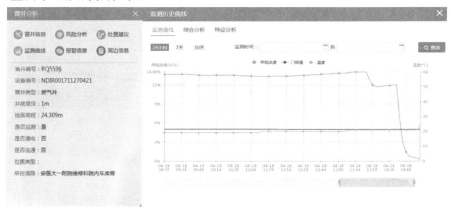

(a) RQ5596燃气浓度曲线

图 8.15　报警燃气浓度曲线

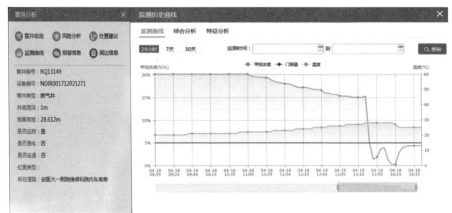

(b) RQ13149燃气浓度曲线

续图 8.15

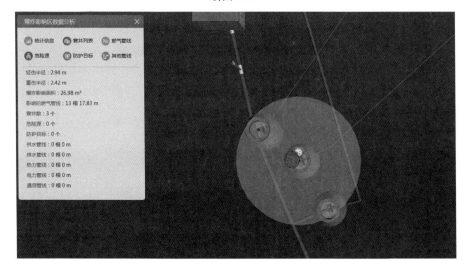

图 8.16   燃气管网泄漏后果分析

2.燃气井阀门故障导致燃气泄漏案例

2021 年 2 月 27 日,紫蓬路与卧云路交口东南角沿卧云路向东 300 m(具体位置如图 8.17 所示)燃气井 RQ8074 发生浓度超限 2 级报警,监测曲线如图 8.18 所示。经分析确认为燃气泄漏,并及时推送至燃气集团,经燃气集团现场确认为放散阀松动导致泄漏。该事件的处置流程如下。

图 8.17　RQ8074 燃气井位置图

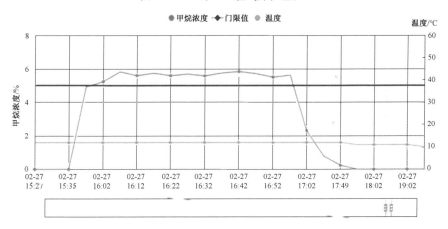

图 8.18　燃气井 RQ8074 监测曲线（处置前）

（1）监测值守。2021 年 2 月 27 日 16 时 27 分，紫蓬路与卧云路交口东南角沿卧云路向东 300 m 燃气井 RQ8074 内甲烷浓度达到 5.82%，系统发出 2 级报警。

（2）分析研判。数据分析人员首先根据表 8.5 对气体类型进行判断，然后通过分析该报警点甲烷浓度曲线上升速率和浓度变化规律，采用斯皮尔曼相关系数法计算甲烷浓度曲线与温度的相关性系数，综合确认附近燃气管道发生泄漏，并立即上报燃气集团排查处置。同时，分析人员通过系统对该点位燃气泄漏报警进行了溯源分析，如图 8.19 所示，该报警点附近可能泄漏燃气管道有 4 根，其中 RQ_TQ_L_04_198153 泄漏的可能性较高。

表 8.5   气体类型判断分级表

序号	相关系数 R 范围	判断分级
1	$R \geqslant 0.8$	确定为沼气
2	$0.8 > R \geqslant 0.6$	极有可能为沼气
3	$0.6 > R \geqslant 0.4$	疑似沼气
4	$R < 0.4$	非沼气

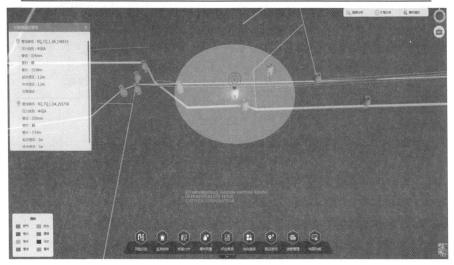

图 8.19   RQ8074 溯源分析

（3）风险分析。通过扩散模拟计算，该窨井影响的燃气管道有 20 根，总长 247.96 m，燃气扩散区域面积为 1 543.23 m²，如图 8.20 所示。通过提供现场地下管道分布情况和扩散影响分析，可减小燃气集团现场抢修处置引发的次生灾害风险。该燃气阀门井泄漏的位置位于紫蓬路与卧云路交口东南角沿卧云路向东 300 m，周边 300 m 范围内有 1 所学校、2 个小区、1 个大型商场等，如图 8.21 所示，一旦发生燃爆事故，可能会造成巨大的人员伤亡以及财产损失。

（4）应急抢险。燃气集团接报后迅速赶往现场排查确认窨井内放散阀松动导致燃气泄漏后浓度超限。18 时 21 分，燃气集团抢修工程部完成修复工作，系统报警解除，同时将处置结果反馈至监测中心形成事件闭环。

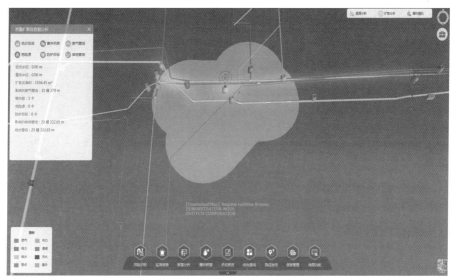

图 8.20　地下管道分布及泄漏扩散分析

图 8.21　报警点周围危险源和防护目标

参 考 文 献

[1] 于晨龙,张作慧.国内外城市地下综合管廊的发展历程及现状[J].建设科技,2015(17):49-51.

[2] 王宏彦.武汉市市政综合管廊建设现状与若干问题分析 —— 光谷中心区市政综合管廊[J].城市道桥与防洪,2015(11):203-208.

[3] 白海龙.城市综合管廊发展趋势研究[J].中国市政工程,2015(6):78-81.

[4] YANG C,PENG F L. Discussion on the development of underground utility tunnels in China [J]. Procedia Engineering,2016,165:540-548.

[5] 谭琼,冯国梁,袁宏永,等.燃气管道相邻地下空间安全监测方法及其应用研究[J].安全与环境学报,2019,19 (3):902-908.

[6] 尤建新,陈桂香,陈强.城市生命线系统的非工程防灾减灾[J].自然灾害学报,2006,15(5):194-198.

[7] 国外如何建设和管理城市地下管道[N].经济日报,2015-06-10(016).

[8] 尚秋谨,张宇.城市地下管道运行管理的德日经验[J].城市管理与科技,2013,15(6):78-80.

[9] 宗刚,朱永中.基于 GIS 城市管网生命线的防灾减灾方法研究[J].安全与环境学报,2015,15(1):157-162.

[10] 赵小龙,陈长坤,陈杰,等.阻塞比对地铁隧道烟气流速及温度分布的影响分析[J].消防科学与技术,2019,38(2):177-180.

[11] 韩君庆,陈建国.城市燃气管网物联网综合监测与应急处置技术研究[J].中国管理信息化,2017,20(19):186-189.

[12] 沈辰楠,张庆维,李梦培,等.玉溪市红塔大道(抚仙路 — 火车站)综合管廊工程 — 管廊监控运维管理平台[J].中国建设信息化,2021(7):48-51.

[13] 王育红,石晶,王飞.综合管廊监控与预警系统研究[J].科技风,2021(10):104-105.

[14] 罗雨秋,金勇,张洋,等.地下综合管廊风险分析预警系统[J].现代建筑电气,2021,12(2):9-13.

[15] 陈长坤,徐童,史聪灵,等.隧道内可燃液体蒸气爆燃超压缩尺寸实验研究

[J].清华大学学报（自然科学版）,2020,60(3):93-99.

[16] 张晋,徐大军,宋文琦,等.城市综合管廊电力舱火灾行为试验研究[J].地下空间与工程学报,2020,16(6):1818-1825.

[17] 黄玲芳.综合管廊的通风与排烟设计[J].四川建材,2020,46(11):211-213.

[18] 葛丰源.城市综合管廊通风系统的设计研究[J].中国设备工程,2020(20):193-194.

[19] 陈长坤,陈杰,史聪灵,等.天然气爆炸荷载作用下地下管廊动力响应规律研究[J].铁道科学与工程学报,2017,14(9):1907-1914.

[20] 崔英洁.若干因素对地下综合管廊燃气舱内燃烧爆炸规律的影响研究[D].北京:北京建筑大学,2020.

[21] 张凯猛.地下综合管廊内燃气爆炸时的结构动力响应和损伤规律研究[D].北京:北京建筑大学,2020.

[22] 董浩宇.地下综合管廊燃气爆炸灾害效应时空演化规律及防控策略[D].广州:华南理工大学,2020.

[23] 郑源.综合管廊火灾烟气运动规律及其通风优化研究[D].北京:中国科学技术大学,2020.

[24] 梁凯.城市地下综合管廊电缆火蔓延行为及烟流特性研究[D].北京:中国矿业大学,2020.

[25] 刘贵.地下综合管廊健康监测管控系统[J].福建建筑,2021(4):118-121.

[26] 王妮.城市综合管廊中天然气管道风险评价[D].成都:西南石油大学,2018.

[27] 冉林.城镇燃气管道第三方侵害监测和预警技术研究[J].城市建设理论研究(电子版),2020(20):51-52.

[28] 张勤.浅析城市燃气输配管网现状及优化研究[J].价值工程,2020,39(18):197-198.

[29] 刘玉杰,王楷,马雨廷.长输天然气燃气管网泄漏的主要原因及防范措施[J].化工管理,2020(25):107-108.

[30] 卢新鹏,侯佩欣.城市燃气管网泄漏的智能检测应用与展望[J].低碳世界,2020,10(9):48-49.

[31] 蒋依坛.基于改进遗传算法的桥梁监测传感器测点优化布置研究及监测信号处理[D].成都:西南交通大学,2017.

[32] 周丽君,方廷勇,陈丛波.围蔽街道噪声测量布点优化研究[J].安徽建筑大学学报,2016,24(1):71-75.

[33] 王春雪.城市燃气管网泄漏致灾演化机理研究[J].消防科学与技术,2020,

39(8):1054-1058.

[34] 沈颖.城市综合管廊内燃气泄漏及应急预案模糊故障树分析[J].安徽电子信息职业技术学院学报,2020,19(4):24-30.

[35] 董银杏.燃气应急管理智能辅助决策技术研究[D].北京:北京建筑大学,2019.

[36] 赵子君.燃气管网泄漏事故应急处置及预防措施[D].北京:北京建筑大学,2018.

[37] 张静远.燃气管网相邻地下空间爆炸危险性评估方法及其应用[D].北京:北京理工大学,2016.

[38] WANG K,LIU Z,QIAN X,et al. Comparative study on blast wave propagation of natural gas vapor cloud explosions in open space based on a full-scale experiment and PHAST[J]. Energy & Fuels,2016,30(7):6143-6152.

[39] CHYŻY T,MACKIEWICZ M. Simplified function of indoor gas explosion in residential buildings[J]. Fire Safety Journal,2017,87:1-9.

[40] AZARI P,KARIMI M. Quantitative risk mapping of urban gas pipeline networks using GIS[J]. ISPRS-International Archives of the Photogrammetry,Remote Sensing and Spatial Information Sciences,2017,XLII-4/W4:319-324.

名 词 索 引